Oskar Minkowski

Untersuchungen über den Diabetes Mellitus nach Exstirpation des Pankreas

Oskar Minkowski

Untersuchungen über den Diabetes Mellitus nach Exstirpation des Pankreas

ISBN/EAN: 9783744603096

Hergestellt in Europa, USA, Kanada, Australien, Japan

Cover: Foto ©berggeist007 / pixelio.de

Weitere Bücher finden Sie auf **www.hansebooks.com**

UNTERSUCHUNGEN

ÜBER DEN

DIABETES MELLITUS

NACH

EXSTIRPATION DES PANKREAS.

VON

O. MINKOWSKI,

A. O. PROFESSOR AN DER UNIVERSITÄT ZU STRASSBURG.

Aus dem Laboratorium der medicinischen Klinik zu Strassburg i. E.

SONDERABDRUCK.

LEIPZIG,

VERLAG VON F. C. W. VOGEL.

1893.

INHALT.

ANHANG.

Die folgenden Mittheilungen bringen die ausführliche Wiedergabe meiner Untersuchungen über den nach Exstirpation der Bauchspeicheldrüse auftretenden Diabetes mellitus, welche ich im Jahre 1889 in Gemeinschaft mit v. Mering begonnen[1]), und seitdem allein weiter fortgesetzt habe. Die wichtigsten Ergebnisse dieser Untersuchungen sind in Kürze bereits in verschiedenen kleineren Mittheilungen veröffentlicht worden. Sie haben inzwischen auch schon durch zahlreiche Nachuntersuchungen (von Lépine, Hédon, Gley, Thiroloix, Harley, Capparelli u. A.) in der Hauptsache Bestätigung gefunden. Einzelne Abweichungen in den von verschiedenen Autoren erhaltenen Resultaten erklären sich vielfach durch mehr oder weniger wesentliche Differenzen der Versuchsanordnung. Sie sollen in den folgenden Besprechungen bei Gelegenheit berücksichtigt werden. — Leider finden sich aber in der mittlerweile schon ziemlich umfangreich gewordenen Literatur über diesen Gegenstand auch manche Publicationen, welche durch mangelhafte Erfüllung der wichtigsten Versuchs-

---

1) In der Münchener medic. Wochenschrift 1891. Nr. 41 erhebt de Dominicis in Neapel Prioritätsansprüche in Bezug auf die Entdeckung des Pankreasdiabetes. Da dieselben in einigen neueren Publicationen Anerkennung gefunden haben (so z. B. bei Ebstein, Ueber die Lebensweise der Zuckerkranken. Wiesbaden 1892. S. 89), so möchte ich darauf hinweisen, dass die erste Mittheilung über unsere Versuche in der Semaine médicale am 22. Mai 1889 erschienen ist (Bericht über die Sitzung des Strassburger medicinisch-naturwissenschaftlichen Vereins), während die erste Veröffentlichung von Dominicis im Giornale int. delle scienze medic. erst Ende 1889 stattgefunden hat. Im Uebrigen sind die unabhängig von uns gewonnenen Beobachtungen von Dominicis, sowie insbesondere seine Schlussfolgerungen von den unsrigen so verschieden, dass die Prioritätsfrage eigentlich gegenstandslos ist.

bedingungen bereits sicher erwiesene Thatsachen in Frage zu stellen
suchen und daher geeignet sind, auf dem ohnehin schon schwierigen
Gebiete noch mehr Verwirrung zu stiften. Auf eine Kritik aller dieser
Veröffentlichungen[1]) werde ich hier nicht weiter eingehen.

I. Zur Technik der Operation.

Die grössten Schwierigkeiten, welche sich bei der weiteren Verfolgung der nach der Pankreasexstirpation auftretenden Phänomene
darbieten, liegen darin, dass nur wenige von den operirten Thieren
den Eingriff gut genug überstehen, um für längere Beobachtungs-
reihen verwerthet werden zu können.

Von den Bedingungen, welche wir in unserer ersten Mittheilung[2])
als die wichtigsten für das Gelingen der Operation bezeichnet haben,
ist die Verhinderung der Wundinfection diejenige, welche
weitaus am schwierigsten zu erfüllen ist. Der Grund hierfür ist in
der ausserordentlich geringen Widerstandsfähigkeit der diabetischen
Thiere gegen die eiterungserregenden Mikroorganismen und in ihrer
mangelhaften Tendenz zur Wundheilung zu suchen. Selbstverständlich wurden bei den Operationen stets auf das Sorgfältigste die Cau-
telen der Antisepsis, bez. Asepsis beobachtet.

Die an der Bauchhaut rasirten und mit Sublimatlösung gewaschenen
Thiere wurden in sterilisirte oder mit Sublimatlösung befeuchtete Tücher
vollständig eingewickelt, so dass nur ein einfacher Schlitz für die Operationsstelle frei blieb. Sämmtliche Gefässe und Instrumente, welche bei
der Operation Verwendung fanden, wurden vorher durch Erhitzen auf
120⁰, bez. durch Auskochen in 1 proc. Sodalösung sterilisirt. Zum Ab-
tupfen der Wundflächen wurden nur sterilisirte Gazebäusche benutzt,
welche mit steriler physiologischer Kochsalzlösung befeuchtet waren. Zu
den Ligaturen und Suturen wurden nur Seidenfäden benutzt, welche mindestens 24 Stunden in 5 proc. Carbolsäurelösung gelegen hatten. Die
Hautwunde wurde nach sorgfältiger Anlegung der Naht mit Jodoform-
collodium und Watte abgeschlossen.

Durch ein solches Verfahren gelang es bei allen Operationen,
nach welchen die Thiere nicht diabetisch wurden (bei partiellen
Exstirpationen, Transplantationen u. s. w.), fast ausnahmslos, glatte Heilung zu erzielen, obgleich die Verletzungen hierbei häufig noch com-

---

1) Als Beispiel erwähne ich nur die Publication von Rémond (Gaz. des
Hôpit. 1890. No. 84), welchem es, nach seiner eigenen Angabe, nicht gelungen ist
die operativen Schwierigkeiten der Pankreasexstirpation zu überwinden, und welcher sich trotzdem veranlasst sieht, den Zusammenhang des Diabetes mit dem Fehlen
des Pankreas in Abrede zu stellen.

2) v. Mering und Minkowski, Diabetes mellitus nach Pankreasexstirpation.
Archiv f. exp. Path. u. Pharm. Bd. XXVI. 1889.

plicirter waren, als nach der totalen Exstirpation des Pankreas. Sowie aber nach der vollständigen Exstirpation der Diabetes in voller Intensität auftrat, war es nur in seltenen Fällen noch möglich, eine Heilung per primam intentionem zu erzielen.

Häufig zeigten sich schon am 2. oder 3. Tage peritonitische Erscheinungen, an welchen die Thiere in kurzer Zeit zu Grunde gingen. Meistens gestaltete sich der Verlauf aber so, dass die Thiere zunächst in den ersten paar Tagen ganz munter blieben und nur die Heilung der Bauchwunde schlechte Fortschritte machte. Die Stichkanäle eiterten, es bildeten sich Abscesse in den Bauchdecken, aus welchen sich ein dünnflüssiger, schmieriger Eiter entleerte. Nach Entfernung einzelner Suturen, nach Eröffnung der Abscesse kam dann mitunter zwar langsam, aber schliesslich doch noch vollständig die Vernarbung zu Stande. Oft aber ereignete es sich, dass selbst noch am 5., 6. Tage, oder noch später die Bauchwunde an einzelnen Stellen klaffend blieb und nun nachträglich noch eine Peritonitis zur Entwicklung kam. Mehrfach kam es vor, dass bei heftigen Würgbewegungen oder bei starkem Pressen während der Defäcation die anscheinend geschlossene Bauchwunde wieder aufplatzte und Därme prolabirten, so dass die Thiere getödtet werden mussten.

Ein genaues Zahlenverhältniss der Thiere, welche die Totalexstirpation des Pankreas gut überstanden haben, vermag ich insofern nicht anzugeben, als ein grosser Theil der operirten Hunde zu bestimmten Versuchszwecken, insbesondere behufs Bestimmung des Glykogengehaltes in der Leber, frühzeitig getödtet werden musste. Wenn ich daher hier erwähne, dass von 63 operirten Thieren nur 17 länger als 8 Tage gelebt haben, so erscheint dieses Verhältniss allerdings viel zu ungünstig. Immerhin ging weitaus der grösste Theil der operirten Thiere direct oder indirect an den Folgen des operativen Eingriffs zu Grunde.

Günstiger gestalteten sich die Heilerfolge in den Fällen, in welchen nach dem Zurücklassen kleiner Drüsenreste die leichteren Formen des Diabetes zur Beobachtung kamen. Und ich muss gestehen, dass ich nach meinen Erfahrungen nicht umhin kann, bei allen denjenigen Publicationen, in welchen über auffallend günstige Heilerfolge nach der Pankreasexstirpation berichtet wird, den Verdacht zu hegen, dass nicht immer eine vollständige Entfernung des Organes stattgefunden hat. Auffallend ist es jedenfalls, dass gerade diejenigen Autoren, welche günstigere Resultate bei ihren Operationen zu verzeichnen haben, auch häufig ein Ausbleiben oder einen anomalen Verlauf des Diabetes beobachtet haben.

Abgesehen von diesem einen Umstande sind die technischen Schwierigkeiten der Operation durchaus nicht schwer zu überwinden.

1*

Es empfiehlt sich, den Hautschnitt nicht in der Linea alba anzulegen, da hier bei den Hunden eine Peritonealfalte mit sehr stark entwickeltem subserösen Fettgewebe vorhanden ist, welche einer genauen Schliessung der Wundränder leicht hinderlich wird. Andererseits aber ist es zweckmässig, in der Nähe der Mittellinie zu bleiben, da von hier aus sowohl das links an der Milz gelegene Ende des horizontalen Pankreasastes, wie der rechts am Duodenum gelegene Pankreaskopf bequem zu erreichen ist. Nach Eröffnung der Bauchhöhle pflege ich das grosse Netz in die Höhe zu ziehen und die Isolirung des Pankreas an dem hinter dem Magen gelegenen horizontalen Drüsenaste zu beginnen, welcher den Milzgefässen unmittelbar anliegt. Letztere geben hier mehrere Seitenäste ab, welche in das Pankreasgewebe eindringen und unterbunden werden müssen. Nach Durchtrennung derselben kann der ganze horizontale Drüsenast leicht dislocirt werden. Nun wird das Duodenum herausgezogen und der Pankreaskopf nebst dem verticalen Drüsenaste sorgfältig vom Darme abpräparirt.

Es ist wünschenswerth, dass das ganze Pankreas womöglich in e i n e m S t ü c k e entfernt wird, und es darf daher niemals ein stärkerer Zug an der Drüse selbst ausgeübt werden, da hierbei leicht einzelne Läppchen abreissen können.

Irgend welche Nebenverletzungen kommen hierbei gar nicht in Betracht. Den Ductus choledochus fand ich nur ein einziges Mal, bei anomalem Verlauf desselben, so vom Pankreasgewebe umgeben, dass die Isolirung desselben Schwierigkeiten machte. In der Regel bekommt man denselben bei der Operation gar nicht zu Gesicht. Trotzdem werden die Thiere nach der Operation mitunter für einige Tage ikterisch, was wohl auf die Läsion des Duodenum bezogen werden darf.

Die Blutung ist bei der Operation äusserst gering. Es ist mir auch bis jetzt noch kein einziger Hund an den Folgen einer Blutung zu Grunde gegangen. Doch halte ich es — im Gegensatze zu H é d o n — durchaus für nothwendig, die Gefässe überall vor dem Durchschneiden d o p p e l t zu unterbinden. Die Zahl der in der Bauchhöhle zurückbleibenden Ligaturen wird ja hierdurch nicht vermehrt, da die eine Ligatur stets mit dem Pankreas entfernt wird. Der geringe Zeitverlust aber wird mehr als genügend durch die grössere U e b e r s i c h t l i c h k e i t d e s O p e r a t i o n s f e l d e s aufgewogen. Auf diese aber ist der allergrösste Werth zu legen, weit mehr als auf die Verhinderung des Blutverlustes oder des Einfliessens von Blut in die Peritonealhöhle; denn d i e s e U e b e r s i c h t l i c h k e i t a l l e i n ist im S t a n d e, d i e v o l l s t ä n d i g e E n t f e r n u n g d e s P a n k r e a s zu v e r b ü r g e n. Sobald irgendwo eine hämorrhagische Suffusion des Gewebes eingetreten ist, macht es die grössten Schwierigkeiten, die kleinen Fortsätze und Läppchen der Drüse, welche mitunter nach den verschiedensten Richtungen hin sich weitab erstrecken und individuell sehr verschieden angeordnet sind, zu erkennen und sie von Lymphdrüsen und Fettgewebe zu unterscheiden.

Der sorgfältigen Beachtung dieses Umstandes habe ich es wohl zu verdanken, dass ich bis jetzt noch **kein einziges Mal** irgend ein noch so kleines Stück des Pankreas **wider Willen** in der Bauchhöhle zurückgelassen habe. Es scheint, dass andere Experimentatoren dieses nicht immer haben vermeiden können.[1])

Wenn es nicht bereits während der Operation unzweifelhaft ist, dass das Pankreas vollständig entfernt wird, so kann eine nachträgliche Entscheidung dieser Frage durch die Section sehr schwierig sein. Wenigstens habe ich mehrfach in solchen Fällen, in welchen ich absichtlich Theile der Drüse in der Bauchhöhle zurückgelassen hatte, sehr grosse Schwierigkeiten gehabt, die degenerirten, geschrumpften und mit der Nachbarschaft verwachsenen Fragmente bei der Section wiederzufinden.[2])

Grössere Schwierigkeiten als die Blutstillung macht die **Verhinderung einer Nekrose des Duodenum.** Doch sind auch diese keineswegs unüberwindlich.

Es kommt vor Allem darauf an, die grösseren Gefässäste zu erhalten, welche, vom Duodenum und vom Pylorustheil des Magens kommend, am oberen Rande des Pankreaskopfes in die Art. und Ven. pancreatico-duodenalis einmünden, und diese letzteren Gefässe erst weiter peripherwärts von dieser Einmündungsstelle zu unterbinden. Das Isoliren dieser Gefässe, insbesondere der Venen, von dem umgebenden Pankreasgewebe, welches mit zahlreichen kleinen Läppchen die Zwischenräume zwischen den Gefässen ausfüllt, ist **der schwierigste Act der Operation.** Man darf sich nicht davor scheuen, auch kleine Aestchen dieser Venen vor der Durchtrennung zu unterbinden, da ein Abreissen dieser Seitenästchen an ihren Einmündungsstellen zu einer vorzeitigen Unterbindung der Hauptstämme nöthigen kann. — Ferner ist in manchen Fällen auch das Verhalten der Art. und Ven. duodenalis inferior noch besonders zu beachten. Diese Gefässe, welche den untersten Theil des Duodenum versorgen und mit der Art. und Ven. pancreatico-duodenalis in Anastomose stehen, verlaufen in vielen Fällen quer über das unterste Ende des zwischen beiden Blättern des Mesenterium eingeschlossenen verticalen Pankreasastes, an welchen sie Seitenäste abgeben. Sie können in diesen

---

1) So sagt z. B. **Thiroloix** (Etude sur les effets de la suppression lente du pancréas, Arch. de physiolog. Octobre 1892): „Lorsqu'on pratique l'ablation totale du pancréas en un temps, on laisse toujours des débris glandulaires, parfois même assez considérables (2 à 4 g) dans la concavité duodéno-stomacale." — Vgl. auch S. 7. Anm. 1.

2) Eine willkommene Bestätigung dieser Angabe finde ich bei **Capparelli** (Studi sulla funzione del pancreas e sul diabete pancreatico, Atti dell' Accademia Gioenia di Scienze Naturali in Catania. Vol. V. Serie 4. a. 1892), welcher erwähnt, dass er in den Fällen, in welchen der Diabetes nach der Pankreasexstirpation ausgeblieben war, nur durch frühzeitige Tödtung der Thiere habe nachweisen können, dass Reste der Drüse in der Bauchhöhle zurückgeblieben waren: „Frammentini cosi piccoli, che certamento sarebbero in seguito scomparsi per processi involutivi e che più tardi sarebbero stati irreperibili all' autopsia".

Fällen bei einiger Vorsicht von der Drüse so losgelöst werden, dass sie durchgängig bleiben. In anderen Fällen reichen sie überhaupt nicht bis an das Pankreas heran; alsdann kommen sie auch bei der Operation nicht weiter in Betracht. — Bleiben die hier genannten Gefässe sämmtlich erhalten, dann genügt dieses vollständig für eine ungestörte Circulation im Darme, was man sofort bei der Operation an der normalen Farbe des Darmes erkennen kann. Die ganze Arter. und Ven. pancreaticoduodenalis mitten aus dem Drüsengewebe herauszupräpariren, ist sehr mühsam und durchaus nicht vortheilhaft, da diese Gefässe alsdann leicht thrombosiren.

Seitdem ich diese Verhältnisse genauer beachtet habe, ist es mir möglich geworden, die Gefahr der Darmnekrose mit Sicherheit zu vermeiden, und ich habe mich daher nicht veranlasst gesehen, zu der zweizeitigen Operationsmethode zu greifen, wie sie Hédon [1]) empfohlen hat, und wie sie neuerdings auch von Thiroloix [2]) und Anderen befolgt wird.

Diese Methode besteht darin, dass zunächst, nach dem Vorgange von Cl. Bernard [3]) und Schiff [4]), indifferente Substanzen (Hédon verwendet geschmolzenes Paraffin, Thiroloix ein Gemenge von Kohlenpulver und Olivenöl oder von Asphalt mit Terpentin, Gley [5]) gefärbte Fette oder Gelatine) in die Ausführungsgänge des Pankreas injicirt und hierdurch eine Atrophie der Drüse eingeleitet wird. Nach ein paar Wochen kann alsdann die inzwischen stark geschrumpfte und sclerosirte Drüse durch eine zweite Operation entfernt werden, ohne dass die Ernährung des Darmes zu sehr gefährdet würde.

Ich hatte bereits früher [6]) eine zweizeitige Operation empfohlen, aber in anderer Weise und zu anderem Zwecke.

Die Erfahrungen über die Folgen der partiellen Pankreasexstirpation hatten dargethan, dass die ungünstigen Heilerfolge nach der Totalexstirpation nur darauf zurückzuführen waren, dass die Thiere nach dieser letzteren Operation diabetisch wurden. Ich hatte daher gerathen, zunächst diejenigen Theile der Drüse zu entfernen, deren Abtragung mit grösseren Schwierigkeiten verbunden ist, und von einem leicht zugängigen Theile, z. B. von dem unteren Ende des verticalen Drüsenastes, so viel zurückzulassen, dass der Diabetes zunächst nicht einträte. Erst wenn nach

1) Exstirpation du pancréas, diabète sucré expérimental. Arch. de méd. expérimentale 1891. No. 1.

2) Le diabète pancréatique. Paris 1892.

3) Mémoire sur le pancréas. 1855. p. 104. — Leçons de physiologie expérimentale. 1856. p. 274.

4) Centralbl. f. d. med. Wissensch. 1872. S. 790.

5) Comptes rendus de l'acad. de Sciences 6 avril 1891. — Société de Biologie 17 avril 1891.

6) Ueber die Folgen partieller Pankreasexstirpation. Centralbl. f. klin. Med. 1890. Nr. 5.

dieser Operation die Heilung zu Stande gekommen wäre, sollte der Rest der Drüse entfernt werden. Diese zweite Operation wäre dann viel weniger eingreifend und könnte auch von den diabetischen Thieren leicht überstanden werden.

Ich würde dieser Art der zweizeitigen Operation auch jetzt noch vor dem Hédon'schen Verfahren den Vorzug geben. Die Entfernung der sclerosirten und geschrumpften Drüse gefährdet zwar in der That die Circulation im Darme sehr viel weniger, als die Exstirpation der normalen Drüse. Davon habe ich mich wiederholt überzeugen können, als ich an Thieren, welchen ich die Ausführungsgänge des Pankreas unterbunden hatte, nachträglich noch die Totalexstirpation ausführte. Aber von dem pathologisch veränderten und mit der Umgebung verwachsenen Organe können offenbar leichter einzelne Theile in der Bauchhöhle zurückgelassen werden, wie dieses auch Hédon[1]) selbst bei einem seiner Versuche ausdrücklich erwähnt. Es kann sich dieses namentlich dann besonders leicht ereignen, wenn man, wie Hédon es empfiehlt, zunächst das Kopfende des Pankreas vom Darme abpräparirt und dann erst durch Zug an dem Körper der Drüse das in der Nähe des Milzhilus gelegene Schwanzende nach der Bauchwunde hinbringt.

Es kann die Wichtigkeit der vollständigen Exstirpation gar nicht genug betont werden, denn wenn auch minimale in der Bauchhöhle zurückbleibende Stückchen der Drüse das Zustandekommen des Diabetes nicht immer verhindern, so können sie doch wenigstens seine Intensität und seinen Verlauf erheblich modificiren.[2]) Für die

---

1) Contribution à l'étude des fonctions du pancréas; diabète expérimental, Arch. de méd. expér. 1 Juillet 1891. No. 4. Expér. VII: „L'extrémité ultime de la queue de la glande qui est en rapport avec la rate, fut laissée en place, non pas à dessein, mais etc." — An anderer Stelle (Arch. de Physiol. Avril 1892. p. 247) bemerkt er: „Il arrive en effet bien souvent que des lobules très petits adhérents au duodénum ou aux vaisseaux spléniques échappent à l'exstirpation." — Auch Thiroloix sagt bei einem Versuche (l. c. S. 42): „On tente, mais en vain, de jeter d'autres ligatures entre le duodénum et le pancréas. Il y a une véritable fusion des deux organes." Und an anderer Stelle schreibt er direct: „Jamais pour nous l'exstirpation n'est totale dans le sens strict du mot. Chaque fois, en effet, que, chez les animaux morts après avoir presenté tous les symptômes du diabète maigre, nous avons fait des coupes du duodénum, nous avons pu montrer qu'il restait encore contre l'intestin des lobules pancréatiques parfaitement nets."

2) Aus diesem Grunde kann ich auch das Verfahren von Capparelli nicht als zweckmässig anerkennen. Bei dem gewaltsamen Herausreissen der Drüse ist es, nach seiner eigenen Angabe, ihm mehrfach begegnet, dass kleine Fragmente zurückgeblieben waren, welche das Zustandekommen des Diabetes verhindert, bez. einen intermittirenden Verlauf desselben bewirkt hatten.

Beurtheilung der Rolle, welche das Pankreas bei dem Zustandekommen des Diabetes spielt, kann dieses selbstverständlich von grösster Bedeutung sein.

Bei der von mir empfohlenen Art des zweizeitigen Verfahrens ist die Gefahr des Zurücklassens von Pankreastheilen sehr viel geringer. Doch habe ich auch dieses Verfahren später aufgegeben, nachdem ich ein paarmal bei der zweiten Operation mit dem Aufsuchen des zurückgebliebenen Drüsenstückes Schwierigkeiten gehabt hatte. Auch hatte es sich gezeigt, dass die Gefahren einer von der Bauchwunde ausgehenden Peritonitis auch auf diesem Wege nicht vermieden werden konnten.

Die sicherste Art, die Thiere nach der vollständigen Exstirpation des Pankreas und dem Eintreten des intensiven Diabetes am Leben zu erhalten, ist die dreizeitige Operation, wie sie weiter unten bei Besprechung der Transplantationsversuche (s. S. 37) genauer beschrieben werden soll. Hier wird schliesslich das Auftreten des Diabetes durch eine ganz geringfügige extraperitoneale Operation ausgelöst, welche selbst für die diabetischen Thiere mit keinen besonderen Gefahren verbunden ist.

II. Verhalten verschiedener Thierarten nach der Pankreasexstirpation.

Bei Hunden tritt nach vollständiger Entfernung des Pankreas ausnahmslos ein Diabetes mellitus schwerster Form auf.

Von anderen Thieren habe ich bei einer Katze die Zuckerausscheidung in gleicher Weise beobachtet, wie bei Hunden.

Das Thier war Mittags um 12 Uhr operirt worden. In der folgenden Nacht entleerte es 90 ccm Harn mit 4,3 Proc. Zucker. In den nächsten 24 Stunden noch 110 ccm Harn mit 7,2 Proc. Zucker. Am 3. Tage starb es an Peritonitis.

Die Ausführung der Operation war bei der Katze dadurch etwas erschwert, dass der Hauptstamm der Pfortader mitten durch das Gewebe des absteigenden Drüsenastes verlief. Da überdies für genauere Stoffwechseluntersuchungen Hunde besser geeignet sind, als Katzen, so hatte ich keine Veranlassung, die Versuche an diesen letzteren zu wiederholen.

Bei Kaninchen ist die anatomische Lage des Pankreas eine solche, dass die Totalexstirpation desselben kaum ausführbar sein dürfte. Die Drüse breitet sich flächenhaft im Mesenterium in so grosser Ausdehnung aus, dass eine Entfernung derselben nur möglich ist, wenn zahlreiche Gefässe unterbunden und der dünnwandige

Darm vom Mesenterium fast ganz losgelöst wird. Ich bin daher bei diesen Thieren nicht zu sicheren Resultaten gelangt.

In vier Fällen, in welchen ich die Operation versucht hatte, gingen die Thiere in kurzer Zeit zu Grunde, ohne überhaupt noch Harn secernirt zu haben. In einem Falle, in welchem ich die Exstirpation nur unvollständig ausgeführt hatte, konnte ich 5 Stunden nach der Operation aus der Harnblase einen Harn auspressen, welcher 5,2 Proc. Zucker enthielt. Am folgenden Tage war der Harn wieder zuckerfrei. Das Thier blieb am Leben, und es trat auch später nicht wieder Zucker im Harne auf. Als es nach einigen Monaten getödtet wurde, zeigte es sich, dass vom Pankreas noch ein sehr grosser Theil erhalten war.

Ein positives Ergebniss hatte ein Versuch an einem S c h w e i n e.

Es handelte sich um ein junges, 3 1/2 Monate altes Thier von 24 Kilo Gewicht. Auch bei diesem erwiesen sich die anatomischen Verhältnisse für die Operation weit ungünstiger als bei Hunden, insbesondere wegen des Verlaufs der Pfortader, welche ringsum von Pankreasgewebe umgeben war. Um die Gefahr einer Thrombose dieses Gefässes zu vermeiden, musste schliesslich ein kleines, etwa 2—3 cm langes und 0,5 cm dickes Stück der Drüse an der hinteren Fläche der Pfortader zurückgelassen werden. Das Thier überstand den Eingriff sehr gut, und die Wunde heilte auffallend rasch. — Das Resultat der Operation war insofern sehr bemerkenswerth, als nach der unvollständigen Exstirpation bei diesem Thiere ein Diabetes auftrat, welcher der l e i c h t e n, oder vielmehr m i t t e l s c h w e r e n Form dieser Krankheit entsprach: In den ersten 4 Tagen nach der Operation blieb der Harn überhaupt zuckerfrei. Erst am 5. Tage, nachdem das Thier 100 g Brod gefressen hatte, traten 13 g Zucker im Harn auf. Nach Verabfolgung von 500 g Brod entleerte das Thier in den nächsten 24 Stunden 110 g Zucker. Bei reiner Fleischnahrung sank die Zuckermenge rasch auf ein Minimum, um nach eintägigem Hungern ganz zu verschwinden. Als nun wieder Brod (500 bis 1000 g) gereicht wurde, trat auch sofort wieder reichlich Zucker im Harn auf (bis 165 g in der 24stündigen Harnmenge). Ueber den genaueren Verlauf der Zuckerausscheidung in diesem Versuche s. S. 31, Tab. V.

Das Auftreten eines Diabetes mellitus nach der Exstirpation des Pankreas wird aber keineswegs bei allen Thierklassen beobachtet: Bei V ö g e l n (Tauben, Enten) kommt nach der Pankreasexstirpation eine Zuckerausscheidung nicht zu Stande.

Das Pankreas ist bei diesen Thieren sehr viel leichter zugänglig, als bei den Säugethieren. Die lange, bis ans kleine Becken herabreichende Schlinge des Duodenums, welche zwischen ihren beiden Schenkeln das Pankreas einschliesst, ist sehr frei beweglich und kann mit Leichtigkeit durch einen kleinen Schnitt herausgezogen werden, welcher entweder in der Linea alba, oder quer unter dem unteren Rande des Brustbeins angelegt wird. Indessen ist es auch hier nicht leicht, das Organ vollständig zu entfernen, ohne eine zur Nekrose führende Ernährungsstörung des Darmes zu bewirken. Die mit besonderen Ausführungsgängen versehenen

3—4 Lappen der Drüse verlaufen zu beiden Seiten des Mesenterialblattes in innigster Verbindung mit den Gefässen, welche den Darm versorgen. Sie müssen unter Schonung dieser Gefässe vorsichtig abpräparirt werden, wobei die zur Drüse ziehenden Seitenäste der Gefässe mit sehr feinen Fäden unterbunden werden müssen. Doppelte Unterbindungen sind wegen der Enge des Raumes nicht ausführbar, aber auch nicht nöthig, da die einzelnen Drüsenläppchen erst nach Anlegung sämmtlicher Unterbindungen entfernt zu werden brauchen.

Es gelang mir auf diese Weise, 3 Tauben und 2 Enten nach vollständiger Pankreasexstirpation am Leben zu erhalten. Um eine Verunreinigung des Harnes mit Koth zu vermeiden, wurde zunächst der Darm oberhalb der Kloake unterbunden. Die Tauben gingen infolgedessen bereits nach 3—4 Tagen zu Grunde. Bei den Enten wurde nach 4 Tagen die Ligatur am Darme wieder gelöst. Die Thiere überstanden auch diesen Eingriff vollkommen gut, blieben munter und verzehrten sehr gierig die ihnen dargebotene Nahrung. Eine Ente wurde am 7., die andere am 18. Tage nach der Pankreasexstirpation getödtet. Bei der Section wurde, wie zu erwarten war, keine Spur von Pankreasgewebe mehr gefunden.

Kein einziges dieser Thiere hatte auch nur vorübergehend Zucker im Harn ausgeschieden.[1] Alle zeigten die bereits aus den Versuchen von Langendorff[2] bekannten Störungen der Verdauung (mangelhafte Resorption der Fette und Amylaceen), aber selbst nach reichlicher Fütterung mit Brod und Kartoffeln, einmal selbst nach Zufuhr von 15 g Rohrzucker und ein anderes Mal nach Verabfolgung von 15 g Traubenzucker, war kein Zucker in den Excrementen nachweisbar. Im Blute fand sich bei der einen Ente am 18. Tage nach der Pankreasexstirpation nur 0,136 Proc. Zucker, also eine ganz normale Menge.

Herr Dr. Weintraud hat im Laboratorium der hiesigen medicinischen Klinik ebenfalls bei 2 Enten das Pankreas vollständig entfernt, ohne dass eine Zuckerausscheidung aufgetreten wäre. Das eine dieser beiden Thiere, bei welchem die ganze Duodenalschlinge mitsammt dem Pankreas resecirt wurde, lebt seit Monaten in gutem Ernährungszustande, ohne jemals Zucker ausgeschieden zu haben.

Nach einer brieflichen Mittheilung des· Herrn Prof. Dr. Langendorff ist es ihm bei Tauben gleichfalls nicht gelungen, durch Entfernung des Pankreas einen Diabetes zu erzeugen. Dagegen sah er bei einem Habicht nach dieser Operation eine ziemlich starke Glykosurie. — Herr Dr. Weintraud hat daraufhin einem kleinen, 150 g schweren Falken das Pankreas exstirpirt. Er beobachtete danach eine Glykosurie, welche

1) Die Untersuchung auf Zucker wurde mit Rücksicht auf die Harnsäure im Alkoholextracte des Harnes ausgeführt.
2) Versuche über die Pankreasverdauung der Vögel. Archiv f. Anatomie u. Physiologie. Physiol. Abtheil. 1879. S. 1—35.

bis zu dem am 10. Tage nach der Operation erfolgten Tode anhielt. Bei Fleischfütterung wurden bis 0,127 g, nach Fütterung mit etwas Amylum 0,214 g Zucker in der 24 stündigen Harnmenge entleert. Es scheint danach, als ob die fleischfressenden Vögel sich anders verhalten, als die körnerfressenden. Doch wären noch weitere Untersuchungen in dieser Hinsicht wünschenswerth.

Auch bei Fröschen ist es mir nicht gelungen, durch Exstirpation der Bauchspeicheldrüse einen Diabetes hervorzurufen.

Die Entfernung der Drüse ist auch bei diesen Thieren ohne schwere Nebenverletzungen nicht leicht auszuführen. Das unregelmässig gelappte Organ ist im Ligamentum gastroduodenale so eingelagert, dass seine fingerförmigen Fortsätze sich einerseits bis zur pars pylorica des Magens, andererseits bis zur Anheftungsstelle des Duodenum an der Leber erstrecken. Es muss daher bei seiner Entfernung das Duodenum ganz von seinem Mesenterium losgelöst werden. Dabei lässt sich oft eine Unterbindung des Hauptstammes der Pfortader nicht umgehen, was um so mehr von Bedeutung ist, als daneben auch häufig die in die Leber sich ergiessende Ven. abdominalis unterbunden werden muss. Denn das Vorderende des Pankreas, welches sich gegen die Gallenblase hin zu einem zungenartigen Fortsatze verlängert, ist an der unteren Fläche der Leber gerade an der Einmündungsstelle dieser Vene durch sehr straffes Bindegewebe angeheftet. Ausserdem verläuft mitten durch das Drüsengewebe in der Längsaxe des Organes der Ductus choledochus, in welchen sich die Ausführungsgänge des Pankreas ergiessen.

Ich habe 6 Winterfrösche und 10 Sommerfrösche operirt und nur 4 von ihnen bis zum 4. Tage am Leben erhalten können. Bei einem Winterfrosche wurden einen Tag nach der Operation ein paar Cubikcentimeter Harn erhalten, welcher bei der Trommer'schen Probe eine geringe Reduction zeigte. Am folgenden Tage war aber keine Zuckerausscheidung mehr nachweisbar. In allen übrigen Fällen war Zucker im Harne überhaupt nicht aufgetreten, auch nicht nachdem den Thieren Brodkügelchen eingestopft worden waren. Nach Fütterung mit Rohrzucker gab der Harn erst nach dem Kochen mit Schwefelsäure eine Reduction: es war also nur Rohrzucker, aber kein Traubenzucker in den Harn übergegangen.

Aldehoff[1]) beobachtete vor Kurzem, dass auch bei Fröschen — allerdings erst 5 Tage nach der Pankreasexstirpation — Zucker im Harn nachweisbar wurde. Die in 24 Stunden ausgeschiedene Zuckermenge überstieg in der Regel nicht 0,01—0,02 g, nur einmal betrug sie 0,088 g (0,8 Proc.). — Bei Schildkröten fand Aldehoff bereits vom 2. Tage an eine Zuckerausscheidung bis zu 0,049 g in 24 Stunden.

---

1) Tritt auch bei Kaltblütern nach Pankreasexstirpation Diabetes mellitus auf? Zeitschr. f. Biologie. Bd. XXVIII. Heft 3. 1892.

III. Verhalten der Zuckerausscheidung nach vollständiger Exstirpation des Pankreas.

Die folgenden Mittheilungen über den Verlauf des Diabetes nach vollständiger Pankreasexstirpation beziehen sich zunächst nur auf die Versuche an Hunden.

Bei diesen Thieren beginnt die Zuckerausscheidung nicht immer unmittelbar nach der Operation. Sie zeigt sich bald früher, bald später, nimmt aber ausnahmslos in den nächsten 24 Stunden, meist auch noch am folgenden Tage allmählich an Intensität zu. Mitunter enthalten bereits die ersten Harnportionen, welche wenige Stunden nach der Operation entleert werden, erhebliche Mengen (bis zu 5 Proc.) Zucker. In den meisten Fällen finden sich am 1. Tage nur Spuren bis zu 1 Proc., am folgenden Tage etwa 4—6 Proc., und erst am 3. Tage erreicht in der Regel die Zuckerausscheidung ihren Höhepunkt mit 8—10 Proc. und darüber. Wenn jetzt keine Nahrung zugeführt wird, so beginnt alsbald der Zuckergehalt im Harne allmählich wieder zu sinken; er verschwindet aber selbst nach 7tägigem Hungern nicht vollständig.

Bei reichlicher Nahrungszufuhr kann der Zuckergehalt im Harn einen ausserordentlich hohen Grad erreichen. Wiederholt habe ich bei Hunden von 8—10 kg Gewicht eine tägliche Ausscheidung von 1—1 ½ Litern Harn mit 10—12 Proc. Zucker beobachtet, Mengen, wie sie entsprechend nur in den schwersten Fällen von Diabetes beim Menschen gefunden werden.

Die täglich ausgeschiedene Zuckermenge pflegt indessen bei den operirten Thieren grossen Schwankungen unterworfen zu sein. Diese Schwankungen sind zunächst abhängig von der Zusammensetzung der Nahrung. Aber selbst bei gleichmässiger Ernährung ist der Zuckergehalt im Harn ein sehr wechselnder, weil die Ausnutzung der Nahrungsstoffe im Darme eine unvollständige und ungleichmässige ist, und ausserdem noch variable Mengen von Zucker im Organismus gebildet werden.

Die absolute Grösse der ausgeschiedenen Zuckermenge ist aber selbstverständlich kein Maassstab für die Intensität des Diabetes, d. h. für den Grad, in welchem der Zuckerverbrauch gestört ist. In dieser Hinsicht kann nur das Verhältniss der im Harn auftretenden Zuckermenge zu der im Organismus entstandenen und in der Nahrung zugeführten Menge entscheidend sein.

Es ergab sich nun, dass bei den Thieren, welche den operativen Eingriff gut überstanden haben, und bei welchen sicher keine Reste von functionirendem Pankreasgewebe zurückgeblieben sind, die Inten-

sität des Diabetes lange Zeit eine vollkommen gleichmässige
bleiben kann.

Es zeigte sich dieses zunächst darin, dass bei Ausschluss von
Kohlenhydraten aus der Nahrung die im Harn enthaltene
Zuckermenge fortdauernd in einem ganz bestimmten Verhältnisse zu der ausgeschiedenen Stickstoffmenge stand, d. h.
also von der Menge der im Organismus zersetzten Eiweisssubstanzen
abhängig war.
Dieses Verhältniss des Zuckers zu der ausgeschiedenen Stickstoffmenge hatten v. Mering und ich als annähernd gleich 3 : 1 an-
gegeben (3 Zucker zu 2 Harnstoff). In einer grösseren Anzahl von
Beobachtungen bei Hunden von verschiedener Körpergrösse schwankte
dasselbe bei reiner Fleischnahrung zwischen 2,62 und 3,05 : 1; im
Durchschnitt betrug es ungefähr 2,8 : 1, wie aus beifolgender Tabelle
ersichtlich ist.[1]

TABELLE 1.

Nummer	Körper-gewicht	Dauer des Diabetes	Dauer der Fleisch-fütterung	Fleisch-menge	In der 24 stünd. Harnmenge		D : N
					Zucker	Stickstoff	
1	15 kg	2 Tage	1 Tag	500 g	102,0 g	32,2 g	3,14[2]
		3 =	2 Tage	750 g	61,1 g	21,2 g	2,88
		4 =	3 =	750 g	89,1 g	30,3 g	2,94
		5 =	4 =	500 g	44,7 g	14,4 g	3,09
		9 =	2 =	750 g	69,0 g	24,4 g	2,96
		10 =	3 =	750 g	5,6 Proc.	1,98 Proc.	2,83
2	13 kg	12 =	2 =	650 g	54,0 g	17,45 g	3,09
		13 =	3 =	650 g	61,4 g	21,12 g	2,91
3	12 kg	9 =	7 =	500 g	34,8 g	12,76 g	2,72
		10 =	8 =	=	42,0 g	14,05 g	2,99
		11 =	9 =	=	61,2 g	20,19 g	3,06
		13 =	11 =	=	60,8 g	20,37 g	2,99
		15 =	13 =	=	40,0 g	13,73 g	2,88
4	12 kg	8 =	3 =	1000 g	48,4 g	17,6 g	2,74
		9 =	4 =	=	62,6 g	21,9 g	2,86
		10 =	5 =	=	53,6 g	17,5 g	3,05
5	9 kg	3 =	2 =	500 g	43,2 g	14,26 g	3,03
		4 =	3 =	=	37,0 g	12,45 g	2,97
6	9 kg	7 =	2 =	?	4,9 Proc.	1,60 Proc.	3,05
7	8 kg	6 =	1 =	300 g	20,2 g	6,4 g	3,16[2]
		8 =	3 =	=	19,1 g	6,3 g	3,03
		11 =	2 =	=	20,2 g	6,7 g	2,93

1) Die Stickstoffbestimmungen wurden sämmtlich nach der Methode von
Kjeldahl ausgeführt. Das Verhältniss des Traubenzuckers zum Stickstoff bezeichnen wir in dieser wie in allen folgenden Tabellen als D : N.
2) Die etwas höhere Zahl stand wohl noch unter dem Einflusse der vorausgegangenen Ernährung.

Nummer	Körpergewicht	Dauer des Diabetes	Dauer der Fleischfütterung	Fleischmenge	In der 24 stünd. Harnmenge		D : N
					Zucker	Stickstoff	
S	6 kg	5 Tage	2 Tage	500 g	27,3 g	10,12 g	2,70
		6 "	3 "	.	24,4 g	8,73 g	2,72
		7 "	4 "	"	34,3 g	11,90 g	2,88
		8 "	5 "	"	30,0 g	11,10 g	2,70
9	5 kg	11 "	2 "	300 g	12,8 g	4,88 g	2,62
		12 "	3 "	"	14,5 g	5,45 g	2,66
		13 "	4 "	"	15,1 g	5,46 g	2,76
		14 "	5 "	"	16,0 g	5,95 g	2,69
		15 "	6 "	"	12,4 g	4,20 g	2,95

Ein ganz ähnliches Zahlenverhältniss zwischen der ausgeschiedenen Zucker- und Stickstoffmenge wurde auch in einigen Fällen beobachtet, in welchen die diabetischen Thiere seit mehreren Tagen keine Nahrung erhalten hatten, in welchen also der im Harn ausgeschiedene Zucker nur aus dem im Organismus zerfallenden Eiweiss entstanden sein konnte.

TABELLE II.

Nummer	Körpergewicht d. Hunde	Dauer des Hungerzustandes	In der 24 stünd. Harnmenge		D : N
			Zucker	Stickstoff	
1	8 kg	2 Tage	16,0 g	6,0 g	2,66
		3 "	20,2 g	7,6 g	2,66
		4 "	14,0 g	5,1 g	2,72
2	9 kg	2 "	9,4 g	3,6 g	2,61
		3 "	17,4 g	6,3 g	2,76
3	15 kg	3 "	62,0 g	21,5 g	2.88
		4 "	51,5 g	17,5 g	2,94

Abweichungen von dem genannten Zahlenverhältniss kommen nun allerdings nicht selten vor:

So vor Allem in den ersten Tagen nach der Operation. Hier sind für die Grösse der Zuckerausscheidung zwei verschiedene Momente maassgebend: die allmähliche Zunahme der Intensität des Diabetes und die vorausgegangene Ernährung der operirten Thiere.

Was den ersteren Punkt betrifft, so ist zu bemerken, dass das allmähliche Anwachsen des Zuckergehaltes im Harn noch nicht ohne Weiteres eine allmähliche Entwicklung der dem Diabetes zu Grunde liegenden Störungen beweist. Denn auch wenn die Störung des Zuckerverbrauchs nach der Operation plötzlich in voller Intensität einsetzte, würde doch nur allmählich eine Anhäufung von Zucker

im Blute statthaben und dementsprechend auch nur allmählich eine
Zunahme des Zuckergehalts im Harn zu Stande kommen können.
Gewisse Unterschiede in der Geschwindigkeit, mit welcher die Zuckerausscheidung im Harn nach der Operation auftritt und anwächst,
könnten daher schon dadurch allein erklärt werden, dass, je nach
der vorausgegangenen Ernährung der Thiere, nach der Operation
mehr oder weniger Zucker gebildet wird. Indessen sind die in verschiedenen Fällen thatsächlich beobachteten Unterschiede zu gross
gewesen, als dass dieser Umstand für die Erklärung derselben aus-
reichen könnte. Vermuthlich spielt hier auch noch der vorausgegangene Thätigkeitszustand der exstirpirten Bauchspeicheldrüse eine
gewisse Rolle.

Es ist z. B. denkbar, dass ein intensiveres Functioniren der Drüse
vor der Operation eine stärkere Anhäufung von gewissen Producten ihrer
Thätigkeit im Blute zur Folge haben kann, und dass hierdurch ein
verspätetes Auftreten des Diabetetes bewirkt wrdi. Irgend welche bestimmte Schlussfolgerungen in dieser Richtung vermag ich indessen aus
den bisherigen Beobachtungen noch nicht zu ziehen. Erwähnen möchte
ich nur, dass in einem Falle, in welchem die Zuckerausscheidung auffallend spät — erst am 3. Tage nach der Pankreasexstirpation — auftrat, bei der Operation eine erhebliche Hyperämie der Drüse und eine
besonders starke Füllung der Chylusgefässe aufgefallen war.

Die Abhängigkeit der in den ersten Tagen nach der Operation
ausgeschiedenen Zuckermenge von der vorausgegangenen Ernährung
der operirten Thiere machte sich in mehreren Versuchen sehr deutlich bemerkbar. Bei schlecht genährten Thieren wurde erst ganz
allmählich das als „normal“ zu bezeichnende Verhältniss von 2,8
Zucker zu 1 Stickstoff erreicht. Bei Thieren, welche gut ernährt waren,
und bei welchen infolgedessen wohl auch ein höherer Kohlenhydrat-
bestand im Körper vorausgesetzt werden durfte, stieg die ausgeschiedene Zuckermenge sehr viel rascher und erreichte vorübergehend Werthe, welche noch über das normale Verhältniss weit
hinausgingen.

Als Beispiel hierfür mag das Verhalten der Zuckerausscheidung während der Entwicklung des Diabetes in der Zeit von der Operation bis
zur ersten Nahrungszufuhr bei den folgenden vier Versuchen angeführt werden, von welchen die beiden ersten magere, vorher unzurei-
chend ernährte Thiere, die beiden anderen aber solche Hunde betrafen,
welche längere Zeit vor der Operation im Laboratorium reichlich gefüttert
worden waren:

Versuch 1. Magerer Hund von 10 kg Gewicht. Mehrere Tage
nur mit Fleisch gefüttert. Totalexstirpation des Pankreas am 16. August
Nachmittags 6 Uhr.

Im Laufe der folgenden Nacht: circa 100 ccm Harn, welcher keinen Zucker enthält.

Am 17. August Mittags 12 Uhr: 120 ccm Harn, spec. Gew. 1033 mit 1,0 Proc. Zucker, 1,58 Proc. Stickstoff; D : N = 0,63.

Bis zum 18. August Morgens 8 Uhr: 300 ccm Harn, spec. Gew. 1053 mit 4,7 Proc. Zucker, 2,30 Proc. Stickstoff; D : N = 2,04.

Bis zum 19. August Morgens 8 Uhr: 280 ccm Harn, spec. Gew. 1060 mit 6,4 Proc. Zucker, 2,63 Proc. Stickstoff; D : N = 2,43.

Versuch 2. Schlecht genährter Hund von 7,2 kg Gewicht. Tags zuvor vom Hundefänger gekauft. Totalexstirpation des Pankreas am 25. Mai Nachmittags 6 Uhr.

Am 26. Mai Morgens: Harn zuckerfrei.

Abends 5 Uhr: 210 ccm Harn, spec. Gew. 1044 mit 1,3 Proc. Zucker, 2,57 Proc. Stickstoff; D : N = 0,51.

Bis zum 27. Mai Morgens 7 Uhr: 90 ccm Harn, spec. Gew. 1061 mit 6,6 Proc. Zucker, 4,06 Proc. Stickstoff; D : N = 1,62.

Bis zum 28. Mai Morgens 7 Uhr: 195 ccm Harn, spec. Gew. 1055 mit 6,5 Proc. Zucker, 2,93 Proc. Stickstoff; D : N = 2,24.

Versuch 3. Gut genährter Pudel von 10 kg Gewicht. Längere Zeit im Laboratorium mit Küchenabfällen (Fleisch, Brod, Kartoffeln) reichlich gefüttert. Totalexstirpation des Pankreas am 17. März Vormittags 11 Uhr.

Nachmittags 5 Uhr: 105 ccm Harn, spec. Gew. 1033 mit 0,8 Proc. Zucker, 1,9 Proc. Stickstoff; D : N = 0,42.

Im Laufe der folgenden Nacht: 215 ccm Harn, spec. Gew. 1056 mit 6,0 Proc. Zucker, 2,05 Proc. Stickstoff; D : N = 2,93.

Am 18. März Morgens 8 Uhr: 105 ccm Harn, spec. Gew. 1057 mit 8,6 Proc. Zucker, 2,09 Proc. Stickstoff; D : N = 4,11.

Abends 6 Uhr: 175 ccm Harn, spec. Gew. 1052 mit 8,5 Proc. Zucker, 2,01 Proc. Stickstoff; D : N = 4,23.

Am 19. März Morgens 8 Uhr: 300 ccm Harn, spec. Gew. 1050 mit 7,3 Proc. Zucker, 2,29 Proc. Stickstoff; D : N = 3,19.

Versuch 4. Junger, gut genährter Hund von 11 kg Gewicht. Mehrere Tage vorher mit Fleisch und Brod reichlich gefüttert. Totalexstirpation des Pankreas am 6. Juli Mittags 12 Uhr.

Abends 8 Uhr: 130 ccm Harn, spec. Gew. 1024 mit 1,0 Proc. Zucker, 0,65 Proc. Stickstoff; D : N = 1,54.

Im Laufe der Nacht: 320 ccm Harn, spec. Gew. 1030 mit 4,5 Proc. Zucker, 0,81 Proc. Stickstoff; D : N = 5,55.

Bis zum 7. Juli Morgens 7 Uhr: 58 ccm Harn, spec. Gew. 1038 mit 7,4 Proc. Zucker, 0,96 Proc. Stickstoff; D : N = 7,71.

Bis zum 8. Juli Morgens 7 Uhr: 340 ccm Harn, spec. Gew. 1048 mit 9,1 Proc. Zucker, 1,35 Proc. Stickstoff; D : N = 6,74.

Abends 8 Uhr: 145 ccm Harn, spec. Gew. 1052 mit 8,3 Proc. Zucker, 2,10 Proc. Stickstoff; D : N = 3,95.

Bis zum 9. Juli Morgens 7 Uhr: 240 ccm Harn, spec. Gew. 1050 mit 7,2 Proc. Zucker, 2,51 Proc. Stickstoff; D : N = 2,87.

Die besonders bei dem letzten Versuche beobachteten Werthe
sprechen unzweifelhaft dafür, dass vorübergehend für den im Harn
ausgeschiedenen Zucker auch noch andere Quellen vorhanden sein
mussten, als die im Organismus zersetzten Eiweisssubstanzen. Da
sämmtliche Thiere 24 Stunden vor der Operation zum letzten Male
gefüttert worden waren, so kann als Ursache dieser gesteigerten
Zuckerausscheidung, welche ihren höchsten Grad erst einen Tag nach
der Operation erreichte, eine nachträgliche Resorption von Kohlehydraten aus dem Darme nicht angenommen werden. Das Nächstliegende
ist es jedenfalls, den grösseren Zuckergehalt des Harnes bei den beiden
letzten Versuchen auf den höheren Glykogenvorrath der betreffenden Versuchsthiere zurückzuführen. Damit im Einklang steht auch
die später noch zu erörternde Thatsache, dass nach der Pankreasexstirpation ein rapides Schwinden des Glykogens aus der Leber
beobachtet wird (vgl. S. 77 ff.).

Wenn einerseits der Diabetes seinen Höhepunkt erreicht hat, und
andererseits der aus der Zeit vor der Operation stammende Glykogenvorrath erschöpft ist, kann, wie oben erwähnt, die Intensität der
Zuckerausscheidung lange Zeit hindurch auf gleicher Höhe bleiben.
Geringe Schwankungen, wie sie auch später noch in dem Verhältnisse der Zucker- und Stickstoffausscheidung beobachtet werden,
mögen darauf zu beziehen sein, dass die aus einer bestimmten Menge
von Eiweisssubstanzen stammenden Zucker- und Harnstoffmengen
nicht mit gleicher Geschwindigkeit im Harn zur Ausscheidung gelangen.[1] Im Allgemeinen aber zeigt es sich (s. Tabelle I und II,
S. 13 u. 14), dass jenes Verhältniss — in uncomplicirten Fällen —
weder durch die Grösse der Versuchsthiere, noch durch die Menge
der in der Nahrung zugeführten Eiweisssubstanzen beeinflusst wird,
d. h. also, dass dasselbe von der absoluten Grösse der aus den Eiweisssubstanzen im Organismus gebildeten Zuckermenge unabhängig ist.

Eine derartige Constanz in den Beziehungen der Zuckerausscheidung zu dem Eiweissumsatze würde am leichtesten verständlich
sein, wenn man annimmt, dass in den hier ermittelten Zahlen das
Verhältniss Ausdruck findet, in welchem im Organismus die Zuckerbildung aus Eiweiss von Statten geht, d. h. also, dass die gesammte

---

[1] In einzelnen Fällen schien es, als ob bei gesteigertem Eiweissumsatz die
Zunahme der Zuckerausscheidung bereits früher bemerkbar sei, als die Steigerung der Stickstoffausscheidung. Doch haben Versuche, durch Prüfung der einzelnen Harnportionen zu verschiedenen Zeiten nach der Nahrungsaufnahme diese
Frage zu entscheiden, bis jetzt noch keine sicheren Resultate ergeben, weshalb
ich deren Mittheilung unterlasse.

Menge des im Körper aus Eiweiss gebildeten Zuckers
nach der Pankreasexstirpation im Harn ausgeschieden wird.

Indessen lässt sich gegen eine solche Annahme auch Manches
einwenden (vgl. S. 53). Ueberhaupt haben wir ja einstweilen kein
sicheres Urtheil über die Grösse der Zuckerbildung aus Eiweiss; auch
ist es noch keineswegs sicher, dass stets und unter allen Umständen
die gleichen Mengen von Zucker aus einer gegebenen Menge von
Eiweisssubstanzen enstehen müssen. Ist es doch noch nicht einmal
vollkommen sicher erwiesen, wie weit diese Zuckerbildung aus Eiweiss als ein normaler Vorgang zu betrachten ist. Dass bei dem
experimentellen Pankreas- und Phloridzindiabetes, ebenso wie bei
dem Diabetes des Menschen, grosse Mengen von Zucker aus Eiweiss
entstehen, kann allerdings keinem Zweifel unterliegen. Auch ist es
aus anderen Gründen, deren Besprechung nicht hierher gehört, wohl
sehr wahrscheinlich, dass auch in der Norm eine Zuckerproduction
aus Eiweiss im Organismus stattfindet. Indessen ist diese Ansicht
ja bekanntlich noch keineswegs allgemein acceptirt, und wird von
Manchen die Zuckerbildung aus Eiweiss in der Hauptsache nur als
ein pathologischer Vorgang betrachtet.[1]

So war es denn entschieden wünschenswerth, noch andere Anhaltspunkte zu gewinnen, aus welchen man die Intensität des nach
der Pankreasexstirpation auftretenden Diabetes beurtheilen könnte.
Vor Allem musste ermittelt werden, wie viel von dem in der Nahrung eingeführten Traubenzucker nach vollständiger Pankreasexstirpation im Harn zur Ausscheidung gelangte.

So einfach aber auch die Versuchsanordnung schien, welche eine
Entscheidung dieser Frage herbeiführen konnte, so schwierig erwies
es sich, hier einigermaassen brauchbare Resultate zu erzielen.

Die Einführung von geringen Traubenzuckermengen konnte zu einem
sicheren Ergebnisse nicht führen, da schon bei reiner Fleischnahrung leichte
Schwankungen des Zuckergehalts im Harn beobachtet wurden. Grössere
Mengen von Traubenzucker aber verursachten oft Erbrechen oder Diar-
rhöen, so dass dadurch bereits längere Zeit fortgeführte Untersuchungs-
reihen mitunter vollkommen werthlos wurden.

Aber auch abgesehen von diesen äusserlichen Hindernissen wurde
die Deutung der Versuchsergebnisse noch durch mancherlei andere Momente sehr erschwert:

Einmal berechtigt das Verschwinden einer gewissen Menge des Nahrungszuckers im Organismus noch keineswegs zu dem Schlusse, dass dieser

---

1) Vgl. hierüber Pflüger, Ein neues Grundgesetz der Ernährung und die
Quelle der Muskelkraft. Arch. f. die ges. Physiol. Bd. LI. S. 320. 1891.

Zucker im Stoffwechsel die normale Verwendung gefunden hat. Denn es kann ein Theil des eingeführten Traubenzuckers bereits durch die fermentativen Processe innerhalb der Verdauungswege irgend welche Zersetzungen erfahren haben und überhaupt nicht als Zucker in den Kreislauf gelangt sein.[1]

Ferner aber ist eine Schlussfolgerung über die Menge des zur Ausscheidung gelangten Nahrungszuckers selbstverständlich nur möglich, wenn von dem Zuckergehalt des Harnes diejenige Zuckermenge in Abzug gebracht wird, welche im Organismus aus Eiweiss entstanden ist. War es nun schon überhaupt nicht leicht, die diabetischen Thiere längere Zeit bei einer einigermaassen gleichmässigen Stickstoff- und Zuckerausscheidung zu erhalten, so gestalteten sich die Verhältnisse sofort noch sehr viel schwieriger, sobald Kohlenhydrate in der Nahrung eingeführt wurden. Denn die Kohlenhydratzufuhr beeinflusste offenbar den Eiweisszerfall im Organismus in erheblichem Maasse, indem sie bald eine Steigerung, bald eine Verminderung desselben zur Folge hatte. Die Schwankungen der Stickstoffausscheidung, welche dadurch hervorgerufen wurden, waren aber nicht immer von entsprechenden Schwankungen der Zuckerausscheidung begleitet. Es mochte dieses zum Theil durch ungleichmässige Ausscheidungsverhältnisse bedingt sein. Es bleibt aber auch die Möglichkeit offen, dass die Kohlenhydratzufuhr auch auf die Bildung von Zucker aus Eiweiss einen Einfluss ausgeübt hat, womit dann der Berechnung des in den Harn übergegangenen Nahrungszuckers jede sichere Grundlage entzogen ist.

Trotz dieser Schwierigkeiten habe ich gleichwohl in einzelnen Versuchen ermitteln können, dass die gesammte in der Nahrung eingeführte Zuckermenge in den Harn übergegangen war.

Zwei Versuche dieser Art, bei welchen 15, bez. 20 g vollständig im Harn wieder ausgeschieden wurden, sind bereits in der ersten Publication von v. Mering und mir mitgetheilt worden.

Den ersten dieser Versuche führe ich hier noch einmal an, weil bei demselben die soeben besprochenen Schwierigkeiten, wie sie durch die Schwankungen der Zucker- und Harnstoffausscheidung bedingt sind, besonders deutlich hervortreten:

Versuch 5. Ein 6,5 kg schwerer Hund, welcher bereits seit 6 Tagen diabetisch war, entleerte an 3 aufeinanderfolgenden Tagen bei Verabfolgung von 300 g Pferdefleisch pro Tag:

720 ccm Harn mit 20,2 g Zucker und 12,8 g Harnstoff
410 ccm =   = 19,3 g =   =   9,0 g =
680 ccm =   = 19,1 g =   = 12,6 g =

---

[1] Diese Fehlerquelle lässt sich allerdings dadurch ausschalten, dass die Zuckerlösungen nicht per os, sondern durch subcutane Infusion den Versuchsthieren einverleibt werden. Ein Versuch, der in dieser Weise ausgeführt wurde, soll später noch erwähnt werden (s. S. 92).

2*

Nachdem diesem Hunde zu seiner Nahrung 15 g chemisch reinen Traubenzuckers zugefügt waren, lieferte er in den nächsten 24 Stunden: 740 ccm Harn mit 34,5 g Zucker und 11,8 g Harnstoff.

An den folgenden 3 Tagen entleerte er:

710 ccm Harn mit 27,7 g Zucker und 14,6 g Harnstoff.

840 ccm = = 20,2 g = = 13,8 g =

780 ccm = = 21,8 g = = 13,3 g =

Legt man der Berechnung das durchschnittliche Verhältniss der in den 3 ersten Tagen ausgeschiedenen Mengen (1,70 Zucker : 1 Harnstoff) zu Grunde, so ergiebt sich am 4. Tage (nach der Eingabe von 15 g Traubenzucker) eine Mehrausscheidung von $34,5—11,8 \times 1,7 = \mathbf{14,4\ g}$ Zucker.

An den folgenden Tagen macht sich eine deutliche Steigerung der Harnstoffausscheidung bemerkbar.

Dabei steigt am 5. Tage die Traubenzuckerausscheidung noch um $2,9\ g\ (27,7—14,6 \times 1,7)$ über das entsprechende Verhältniss.

Am 6. Tage findet sich dafür eine Minderausscheidung von $3,0\ g$ $(20,2—13,8 \times 1,7)$.

Am 7. Tage ist das ursprüngliche Verhältniss wieder annähernd erreicht $(21,8 : 13,3 = 1,65 : 1,0)$.

Nach Allem ist es nicht wahrscheinlich, dass in diesem Falle eine nennenswerthe Menge von dem eingeführten Traubenzucker zur Oxydation gelangt war.

Aehnliche Resultate ergaben nun auch die folgenden Versuche:

Versuch 6. Der in Tabelle I (S. 14) unter Nr. 9 angeführte Hund von 5 kg Gewicht entleerte nach Fütterung mit 300 g Fleisch pro Tag an 5 aufeinanderfolgenden Tagen:

200 ccm Harn mit 12,8 g Zucker und 4,88 g Stickstoff

250 ccm = = 14,5 g = = 5,45 g =

260 ccm = = 15,1 g = = 5,46 g =

250 ccm = = 16,0 g = = 5,95 g =

200 ccm = = 12,4 g = = 4,20 g =

Am 6. Tage (dem 16. nach der Operation) erhielt der Hund 18 g Traubenzucker in 180 ccm Lösung. Danach entleerte er in den nächsten 24 Stunden:

400 ccm Harn mit 30,4 g Zucker und 4,44 g Stickstoff.

Unter Zugrundelegung des durchschnittlichen Verhältnisses der ersten 5 Tage (pro Tag 14,2 g Zucker und 5,19 g Stickstoff; D : N = 2,74) ergiebt sich hier eine Mehrausscheidung von $30,4—4,44 \times 2,74 = \mathbf{18,2\ g}$ Zucker.

Am folgenden Tage entleerte aber das Thier bei reiner Fleischfütterung:

160 ccm Harn mit 13,9 g Zucker und 3,58 g Stickstoff.

Die Berechnung $(13,9—3,58 \times 2,74)$ ergiebt auch hier noch einen Ueberschuss von 4,1 g Zucker. Leider erhielt der Hund bereits am nächsten Tage wieder Kohlenhydrate, so dass es fraglich blieb, ob diese Mehrausscheidung später wieder ausgeglichen worden wäre.

Versuch 7. Einem Hunde von 6,8 kg Gewicht wird am 11. Mai das Pankreas vollständig exstirpirt. Der in der folgenden Nacht entleerte Harn wurde nicht untersucht. Am 12. Mai Nachmittags 4 Uhr entleert der Hund:

115 ccm Harn mit 7,8 Proc. Zucker und 2,33 Proc. Stickstoff.

Der bis zum 13. Mai Morgens 8 Uhr entleerte Harn wird nicht untersucht.

Am 13. Mai erhält der Hund, welcher bis dahin gehungert hatte, im Laufe des Tages 110 g Traubenzucker in 600 ccm Lösung, wovon die ersten Portionen mittelst Schlundsonde eingegeben werden. Dabei erbricht das Thier einmal. In dem Erbrochenen, welches ziemlich vollständig aufgefangen wird, lassen sich 9,3 g Zucker nachweisen. Später säuft das Thier die Zuckerlösung freiwillig, und tritt Erbrechen nicht mehr auf. Der Hund ist ausserordentlich durstig und erhält ausserdem noch im Laufe des Tages 300 ccm Wasser.

Bis zum 14. Mai Morgens entleert nun der Hund, dessen Körpergewicht mittlerweile auf 6,0 kg gesunken ist:

1120 ccm Harn mit 107,5 g Zucker und 4,55 g Stickstoff.

Am folgenden Vormittag erhält er noch weitere 70 g Traubenzucker und wird dann Nachmittags behufs Bestimmung des Leberglykogens durch Verbluten getödtet (s. S. 78).

Eine genaue Berechnung lässt sich in diesem Falle nicht anstellen, doch darf wohl aus den obigen Zahlen gefolgert werden, dass ungefähr 95 Proc. des eingegebenen Traubenzuckers innerhalb der nächsten 24 Stunden im Harn wieder ausgeschieden wurden.

Versuch 8. Ein 14 kg schwerer Hund, bei welchem nach Exstirpation des unter die Haut transplantirten Restes der Bauchspeicheldrüse der Diabetes in voller Intensität aufgetreten war (s. Versuch 17. S. 47), erhält vom 5. Tage nach der Operation ab täglich 500 g Fleisch.

Am 2. und 3. Tage der Fleischfütterung entleert er:

490 ccm Harn mit 53,4 g Zucker und 16,22 g Stickstoff
610 ccm = = 58,6 g = = 19,95 g

An den folgenden beiden Tagen werden je 75 g Traubenzucker verabfolgt. Das Thier säuft die Lösung freiwillig und verträgt dieselbe am 1. Tage ganz gut; am 2. Tage stellt sich etwas Diarrhoe ein. Während dieser beiden Tage werden entleert:

1520 ccm Harn mit 144,4 g Zucker und 23,41 g Stickstoff
920 ccm = = 103,0 g = = 14,63 g =

An den nächsten 3 Tagen bei fortgesetzter Fütterung mit je 500 g Fleisch:

470 ccm Harn mit 49,4 g Zucker und 15,51 g Stickstoff
500 ccm = = 54,0 g = = 17,45 g =
660 ccm = = 61,4 g = = 21,12 g =

Legt man der Berechnung das Verhältniss von 3 : 1 zu Grunde, so ergiebt sich für den 1. Tag der Traubenzuckerfütterung eine Mehrausscheidung von 144,4—23,41 × 3,0 = **74,2 g** Zucker.

Am nächsten Tage erscheinen allerdings von den eingegebenen 75 g nur 103,3—14,63 × 3,0 = 59,2 g im Harn wieder. Indessen war es sehr wahrscheinlich, dass bei der eingetretenen Diarrhoe ein Theil des eingeführten Zuckers verloren gegangen war. Auch durfte wohl die erheblich geringere Stickstoffausscheidung an diesem Tage als eine Folge der mangelhaften Resorption im Darm angesehen werden.

Ich glaube, dass man bei vorurtheilsloser Beurtheilung auf Grund der hier mitgetheilten Versuche zu der Ueberzeugung gelangen muss, dass wenigstens in manchen Fällen die gesammte in der Nahrung zugeführte Zuckermenge in den Harn übergehen kann.

Zum mindesten geht aus diesen Versuchen hervor, dass, wenn der Diabetes nach der Pankreasexstirpation seine höchste Intensität erreicht hat, irgend welche nennenswerthen Mengen von eingeführtem Traubenzucker im Organismus nicht mehr verbraucht werden können. Für die Beurtheilung der Rolle, welche dem Pankreas bei dem Verbrauche des Zuckers im Organismus zukommt, scheint mir dieser Umstand von entscheidender Bedeutung zu sein, wie das später noch näher ausgeführt werden soll (vgl. S. 52).

Nun bleibt allerdings der Diabetes nicht dauernd auf solcher Höhe: Im Laufe der Zeit, wenn der Kräfteverfall der Thiere einen sehr hohen Grad erreicht hat, wenn die Abmagerung aufs Höchste gediehen, und die Thiere kaum mehr im Stande sind, sich fortzubewegen, kann die Menge des ausgeschiedenen Zuckers wieder abnehmen und schliesslich sehr gering werden. Zwar pflegt dann auch die ausgeschiedene Harnstoffmenge sich zu verringern, der Zuckergehalt kann aber verhältnissmässig stärker sinken und einige Zeit vor dem Tode sogar vollständig aus dem Harne verschwinden.

Dieses Letztere habe ich nur in 2 Fällen beobachtet. In vielen Fällen enthielt sogar noch der an der Leiche in der Harnblase vorgefundene Harn beträchtliche Mengen von Zucker (2—4 Proc. und darüber). Nach Hédon soll jedoch häufig in den letzten Tagen vor dem Tode der Zucker vollständig aus dem Harn verschwinden. Ich vermag dem nicht zu widersprechen, da ich bei den meisten Thieren den spontanen Tod nicht abgewartet habe, sondern dieselben behufs Untersuchung des Blutes oder der Organe zu tödten pflegte, sobald sie einen extremen Kräfteverfall zeigten.

Die nächstliegende Erklärung für dieses Sinken der Zuckerausscheidung im weiteren Verlaufe des Diabetes könnte in der Annahme gesucht werden, dass es sich hierbei um ein vicariirendes Eintreten anderer Organe für die Functionen des Pankreas handelte. In der That ist eine solche Annahme auch von einzelnen Autoren gemacht worden. Während die Einen (Lépine, de Renzi und Reale) glauben, dass die besondere Function des Pankreas, deren Ausfall den Diabetes verursacht, überhaupt nicht eine diesem Organe ausschliesslich zukommende Eigenschaft sei, neigen Andere (z. B. Hédon) der Ansicht zu, dass nur unter besonderen Bedingungen — bei allmählicher Unterdrückung der Pankreasfunction — das Pankreas durch andere Organe ersetzt werden könne.

Die letztere Ansicht stützt Hédon offenbar auf die Thatsache, dass er gerade nach der zweizeitigen Operation mit vorausgegangener Injection von Paraffin in die Ausführungsgänge der Drüse leichtere Formen des Diabetes oder einen unregelmässigen, protrahirten und intermittirenden Verlauf desselben beobachtet hat, während nach einfacher Totalexstirpation stets die schwerste in kurzer Zeit zum Tode führende Form der Erkrankung zu Stande kam.

Auch andere Autoren, welche in ähnlicher Weise wie Hédon die zweizeitige Operation ausgeführt haben (Thiroloix, de Renzi und Reale), sahen wiederholt geringere Intensität und schwankenden Verlauf des Diabetes. Ich habe bei meinen Versuchen auch nach der Entfernung von degenerirten und verhältnissmässig kleinen Resten der Bauchspeicheldrüse, insbesondere auch bei den später noch zu beschreibenden Transplantationsversuchen, sobald der Verlauf nicht durch Complicationen gestört war, stets nur die schwersten Formen des Diabetes beobachtet. Es kann daher nicht meine Aufgabe sein, diese Differenzen zu erklären. Nach meinen Erfahrungen möchte ich es aber für möglich halten, dass hier allein der Umstand in Betracht kommt, dass bei der Exstirpation der nach der Paraffininjection degenerirten Drüse leichter Reste derselben unbemerkt in der Bauchhöhle zurückbleiben können.[1]

Wie dem aber auch sei, die Verhältnisse, unter welchen das Sinken des Zuckergehalts im Harn in den späteren Stadien des Pankreasdiabetes zu Stande kommt, machen es sehr wenig wahrscheinlich, dass hierbei eine vicariirende Function anderer Organe in Betracht kommt. Es ist zunächst zu bemerken, dass die Abnahme der Zuckerausscheidung nicht ohne Weiteres mit der längeren Dauer des Diabetes zu Stande kommt, sondern immer erst dann, wenn der allgemeine Ernährungs- und Kräftezustand infolge des Diabetes selbst oder durch irgend welche complicirenden Erkrankungen sehr erheblich beeinträchtigt ist. Es entspricht die Verringerung der Zuckerausscheidung keineswegs einer Besserung, sondern vielmehr einer Verschlechterung der Ernährungsbedingungen. Während in einzelnen Fällen, in welchen die Thiere die Operation gut überstanden haben, der Diabetes noch in der 3. und 4. Woche in voller Intensität bestehen bleibt (siehe z. B. Vers. 16, Tab. VI und Vers. 22, Tab. XV), kann durch das Auftreten von Peritonitis oder von ausgedehnten Eiterungsprocessen oder durch sonstige Erkrankung der Versuchsthiere das Zustandekommen der Zuckerausscheidung überhaupt verhindert,

---

1) Vergleiche hierüber Anmerkung zu S. 7.

oder ein bereits bestehender Diabetes frühzeitig zum Verschwinden
gebracht werden (s. Anhang 5. S. 102).

Viel näher liegt es jedenfalls, anzunehmen, dass durch das Hinzutreten einer complicirenden Erkrankung oder durch den fortschreiten-
den Zerfall von Organbestandtheilen irgend eine w e i t e r e S t ö r u n g
e i n e r n o r m a l e n F u n c t i o n Platz gegriffen habe, als dass dadurch
eine vorher beeinträchtigte Function wiederhergestellt worden sei
(vgl. S. 74).

In erster Reihe kann wohl als Ursache für die in Rede stehende
Abnahme der Zuckerausscheidung eine S t ö r u n g d e r Z u c k e r p r o -
d u c t i o n in Betracht kommen.

Die Zuckerbildung im Organismus ist, wenigstens soweit sie auf Kosten
der Eiweisskörper von Statten geht, jedenfalls als ein sehr complicirter Vorgang anzusehen, bei welchem wahrscheinlich nicht allein Spaltungen und
Oxydationen, sondern auch synthetische Processe eine Rolle spielen. Dass
derartige Processe bei schweren infectiösen Erkrankungen und bei vor-
geschrittenem Zerfall der Körperbestandtheile schliesslich nicht mehr in
genügender Weise von Statten gehen, könnte man sich leicht vorstellen.

Mit Rücksicht auf diese Möglichkeit erschien es zunächst wichtig
festzustellen, wie sich während dieser spontanen Abnahme der Zuckerausscheidung im Harn der in der Nahrung zugeführte Traubenzucker
verhält. Wird dieser auch jetzt noch vollständig im Harn ausgeschieden, dann kann nur eine Verminderung der aus den Eiweisssubstanzen gebildeten Zuckermenge die Ursache für das Sinken des
Zuckergehalts im Harn gewesen sein. Wird der Nahrungszucker
jetzt besser verwerthet, so kann vielleicht von einer Abnahme der
Intensität des Diabetes gesprochen werden.

Leider ist es mir aber nicht gelungen, auf diesem Wege klare
Resultate zu erlangen. War es schon überhaupt schwierig, wie wir
oben gesehen haben, über das Verhalten des Nahrungszuckers nach
Exstirpation des Pankreas ein vollkommen sicheres Urtheil zu gewinnen, so steigerten sich diese Schwierigkeiten fast bis ins Unüber-
windliche, sobald es sich um Thiere handelte, welche einen weit
vorgeschrittenen Kräfteverfall oder irgend welche complicirenden Erkrankungen darboten.

In einem Falle schien es allerdings, als ob auch während der
stetigen Abnahme der Glykosurie der eingeführte Traubenzucker fast
vollständig im Harn wieder ausgeschieden wurde:

V e r s u c h 9. Einem Hunde von 9,1 kg Gewicht wird am 31. Juli
das Pankreas vollständig exstirpirt. Operation beendet 1 Uhr Nachmittags.

Um 4 Uhr wird bereits zuckerhaltiger Harn entleert. Am folgenden Tage wird der Harn nicht untersucht. Am 2. August enthält er 8,3 Proc. Zucker.

Das Thier, welches an den ersten 3 Tagen nur Wasser erhalten hatte, bekommt am 3. August zum ersten Male circa 150 ccm Milch, an den folgenden Tagen 100—200 g Pferdefleisch. Obwohl das Thier sonst ganz munter erscheint und keinerlei peritonitische Symptome darbietet, erbricht es sehr häufig, frisst aber meistens das Erbrochene sofort wieder auf. Am 6. August erhält es wieder Milch, von welcher ebenfalls ein grosser Theil erbrochen wird.

Der Harn enthält während dieser Zeit stets reichlich (5—7 Proc.) Zucker; eine genaue quantitative Bestimmung der Tagesmenge kann nicht ausgeführt werden, da einzelne Harnportionen durch Erbrochenes verunreinigt sind.

Vom 7. August ab erhält der Hund gar keine Nahrung mehr, sondern nur täglich 250 ccm Wasser. Sein Kräftezustand hat sehr erheblich abgenommen; das Körpergewicht beträgt am 8. August 7,5 kg, am 10. August 7,2 kg, am 11. August 6,9 kg.

Die Zuckerausscheidung sinkt von jetzt ab ziemlich rasch.

Am 10. August erhält das Thier im Laufe des Tages 20 g Traubenzucker in 3 ccm Lösung. Erbrechen tritt nicht ein, dagegen erfolgt Abends eine diarrhoische Stuhlentleerung.

Der Verlauf der Zuckerausscheidung ist aus Tabelle III ersichtlich.

TABELLE III.

Datum	Harnmenge in ccm	Spec. Gew.	Zucker		Stickstoff		D : N	Bemerkungen
			in %	in g	in %	in g		
7.—8. Aug. (7 Uhr Vorm.)	240	1052	5,1	12,2	2,10	5,04	2,43	Hunger.
8.—9. Aug.	250	1035	3,1	7,8	1,62	4,05	1,92	—
9.—10. =	230	1023	1,7	3,9	1,25	2,88	1,35	—
10.—11. =	500	1023	4,2	21,0	0,58	2,90	7,24	20 g Dextrose.
11.—12. =	350	1009	0,5	1,7	0,48	1,66	1,04	—
12. = (6Uhr Nachm.)	210	1022	4,0		0,37		10,80	10 Uhr Vorm. 1,0 g Phloridzin.
13. Aug. (7 Uhr Vorm.)	130	1037	4,1	}13,7	1,12	}2,24	3,66	4 Uhr Nachm. 0,5 g Phloridzin.
(1Uhr Nachm.)	90	1037	4,3	3,9	1,07	0,96	4,0	10 Uhr Vorm. 1,0 g Phloridzin.
6 Uhr =	35	1032	3,5	1,2	1,17	0,41	3,0	—

Am 13. August Abends tritt Blutbrechen auf. Am 14. August Morgens ist das Thier todt.

Die Section ergiebt das Vorhandensein von 5 runden Magengeschwüren; eines derselben hatte zu einer Perforation der Magenwand geführt.

Soweit man in diesem Falle bei dem continuirlich sinkenden Verhältnisse des Zuckers zum Stickstoff urtheilen konnte, durfte am

10.—11. August eine Ausscheidung von circa 3 g Traubenzucker erwartet werden. Da nun statt dessen 21 g entleert wurden, so waren von den eingeführten 20 g Traubenzucker ungefähr 18 g in den Harn übergegangen.

Andererseits aber wurden in einem Falle (s. Anhang S. 103), in welchem nach einer zweizeitig ausgeführten Pankreasexstirpation am 8. Tage, mit dem Auftreten von ausgedehnten Eiteransammlungen an der Operationsstelle, der Zucker aus dem Harn ganz geschwunden war, nach Eingabe von 20 g Traubenzucker nur 4,5 g im Harn wieder ausgeschieden. Mag nun auch in diesem Falle angenommen werden, dass bei dem schwerkranken Thiere, welches bereits am folgenden Tage starb, die Resorption des eingeführten Traubenzuckers sehr mangelhaft gewesen und ein grosser Theil desselben durch fermentative Zersetzungen innerhalb des Verdauungstractus verloren gegangen ist, so bleibt es doch immerhin nicht ausgeschlossen, dass auch von dem resorbirten Zucker noch ein ansehnlicher Bruchtheil innerhalb des Organismus zersetzt wurde.

Nach Allem halte ich es für sehr wahrscheinlich, dass die wesentlichste Ursache für das Sinken der Zuckerausscheidung in den hier in Betracht kommenden Fällen in einer Störung der Zuckerproduction zu suchen ist, dass aber in manchen Fällen auch noch möglicher Weise complicirende Vorgänge eine Rolle spielen, welche eine Zersetzung von Zucker im Organismus bewirken. Doch handelt es sich alsdann sicher nicht um Vorgänge, welche einen vollgültigen Ersatz für die ausgefallene Pankreasfunction liefern können. Vielmehr dürfte anzunehmen sein, dass der erst unter besonderen pathologischen Verhältnissen zu Stande kommende Zuckerverbrauch auch auf besondere pathologische Einflüsse zurückgeführt werden muss (s. Anhang 5. S. 104). Für die Annahme eines „vicariirenden" Eintretens anderer Organe für das fehlende Pankreas liegt aber durchaus kein Grund vor (vgl. Kap. VI. S. 51 ff.).

IV. Ueber die Folgen der unvollständigen Exstirpation des Pankreas.

v. Mering und ich hatten berichtet, dass nach partiellen Exstirpationen des Pankreas ein Diabetes nicht zu Stande gekommen war. Wir hatten auf diese Thatsache einen besonders grossen Werth gelegt. Erstens schien dieselbe geeignet, für die negativen Resultate von früheren experimentellen Untersuchungen, ebenso auch wie für das Fehlen der Zuckerausscheidung in manchen Fällen von Erkrankung des Pankreas beim Menschen eine Erklärung zu geben. Zweitens liess sich durch eine geeignete Anordnung der Versuche mit partieller

Exstirpation der Beweis führen, dass das Auftreten des Diabetes nicht auf irgend welche Nebenverletzungen, sondern direct auf die Entfernung des Pankreas zu beziehen war. Wurden nämlich die partiellen Exstirpationen so ausgeführt, dass die Theile der Drüse, welche bei dem einen Versuche zurückgeblieben waren, bei dem anderen entfernt wurden, so mussten die Nebenverletzungen, welche hierbei in Betracht kommen konnten, sich in dem einen oder dem anderen Falle bemerkbar machen. Das Ausbleiben des Diabetes in allen diesen Fällen bewies, dass es nur darauf ankam, ob noch functionirendes Pankreasgewebe erhalten blieb oder vollständig fehlte.

Wir hatten bei diesen Versuchen zunächst ziemlich grosse Theile der Drüse ($^1/_4$—$^1/_5$ derselben) in der Bauchhöhle zurückgelassen. Darauf war nun selbst nach Fütterung mit grossen Mengen von Kohlenhydraten (500—1000 g Brod, 100—200 g Rohrzucker) eine Zuckerausscheidung im Harn nicht nachweisbar.

Bei der weiteren Verfolgung dieser Versuche habe ich dann die Beobachtung gemacht[1]), dass kleinere in der Bauchhöhle zurückgebliebene Theile der Drüse nicht immer hinreichen, um die hier in Betracht kommende Pankreasfunction in vollem Umfange zu erfüllen, und dass auch nach partieller Pankreasexstirpation eine mehr oder weniger erhebliche Zuckerausscheidung im Harn zu Stande kommen kann.

Wie gross das zurückbleibende Pankreasstück sein muss, damit das Auftreten des Diabetes sicher verhindert werde, darüber habe ich irgend welche bestimmte Angaben nicht gemacht und auch nicht machen können.[2]) Denn es kommt nicht allein auf die Grösse des zurückgelassenen Drüsenstückes an, sondern viel mehr noch auf die

---

1) Centralbl. f. klin. Med. 1890. Nr. 5.

2) Es beruht auf einem Missverständniss, wenn Thiroloix (Le diabète pancréatique. p. 44) unter meinem Namen citirt: „Quand le fragment du pancréas resté en place est très petit et qu'il ne représente qu'un douzième ou un quinzième du poids de la glande, sa vitalité est compromise. Dès lors ses fonctions sont supprimés et les choses se passent comme s'il n'y avait pas de pancréas." Eine solche Verallgemeinerung der einzelnen Beobachtung lag mir durchaus fern und war nach den Ergebnissen meiner Versuche auch nicht möglich. Der betreffende Satz lautet bei mir: „In 2 Fällen, in welchen die zurückgebliebenen Theile nur etwa $^1/_{12}$, bez. $^1/_{13}$ des Organes betrugen, beobachtete ich das Auftreten eines Diabetes mellitus schwerster Form, ähnlich wie nach der Totalexstirpation. Allerdings ist es nach dem Ergebnisse der anatomischen Untersuchung zweifelhaft geblieben, ob in diesen Fällen die zurückgelassenen Theile der Drüse überhaupt noch functionirt hatten." Meine Bemerkung bezog sich also nur auf die thatsächliche Beobachtung in diesen beiden Versuchen, welche nach Lage der Dinge als Ausnahmen betrachtet werden mussten.

Ernährungs- und Circulationsverhältnisse desselben, welche sich bei verschiedenen Versuchen sehr ungleich gestalten können.[1]) So habe ich in zwei Fällen von particller Exstirpation, bei welchen die Ernährung der zurückgelassenen Theile offenbar eine ungenügende war, einen Diabetes schwerster Form auftreten sehen, welcher in seiner Intensität denselben Grad erreichte, wie sonst nur nach der Totalexstirpation:

Versuch 10. Einem Hunde von 12 kg Gewicht wird am 23. November 1889 das Pankreas mit Ausnahme des untersten Endes vom verticalen Aste exstirpirt. Das entfernte Stück ist 25 cm lang und wiegt 22 g, der zurückgebliebene Theil ist nur circa 2 cm lang und liegt frei beweglich mehr als 5 cm vom Darm entfernt, nur in Verbindung mit mesenterialen Gefässen.

Am 24. November ist der Urin zuckerfrei, desgleichen am 25. November.

Der Hund erhält in den nächsten Tagen Milch, welche ein paarmal erbrochen wird. Doch bleibt das Thier sonst ganz munter. Die Wunde heilt rasch ohne Zwischenfall.

Am 27. November enthält der Nachmittags entleerte Harn Spuren von Zucker.

Am 28. November finden sich 4,5 Proc. Zucker im Harn.

Der Hund erhält jetzt täglich 500 g Fleisch.

Den weiteren Verlauf giebt die Tabelle wieder:

TABELLE IV.

Datum	Harn-menge in ccm	Spec. Gew.	Zucker in %	Zucker in g	Stickstoff in %	Stickstoff in g	D : N	Nahrung
1.Dec.	450	1068	7,7	34,6	—	—	—	500 g Pferdefleisch.
2. =	430	1073	8,3	35,7	—	—	—	=
3. =	550	1075	9,7	53,4	—	—	—	=
4. =	530	1005	7,0	37,1	3,25	17,25	2,15	=
5. =	380	1060	6,3	23,9	3,05	11,6	2,07	=
6. =	440	1057	7,9	34,8	2,90	12,76	2,72	=
7. =	500	1065	8,4	42,0	2,81	14,05	2,99	=
8. =	680	1066	9,0	61,2	2,94	20,19	3,06	=
9. =	?	1064	8,8	—	—	—	—	=
10. =	760	1060	8,0	60,8	2,68	20,37	2,99	=
11. =	730	1058	8,0	58,4	—	—	—	=
12. =	520	1056	7,7	40,0	2,64	13,73	2,88	=
13. =	580	1058	7,8	45,2	—	—	—	=
14. =	470	1065	12,8	60,2	1,34	6,30	9,55	300 g Brod, 50 g Lipanin.
15. =	390	1058	10,1	39,0	1,52	5,92	6,65	300 g Fleisch (frisst an diesem Tage nicht mehr).

1) Ganz ähnlich scheinen übrigens nach den neuesten Untersuchungen von v. Eiselsberg (Weitere Beiträge zur Lehre von den Folgezuständen der Kropfoperationen. Festschrift für Th. Billroth 1892) auch die Verhältnisse nach particller Exstirpation der Schilddrüse zu liegen.

Das Thier, welches später noch zu Versuchen über die Ausnutzung der Nahrungsstoffe verwendet wurde [1]), bleibt bis zum 41. Tage nach der Operation am Leben und entleert dauernd viel Zucker (5,6—11,9 Proc.).

Bei der am 3. Januar ausgeführten Section fand man das zurückgelassene Stück der Bauchspeicheldrüse durch neugebildetes Bindegewebe mit der Umgebung verwachsen. Auf dem Durchschnitte sah das Drüsengewebe gelblichweiss und blutleer aus, zeigte dabei keine Sclerose, sondern liess eine anscheinend normale Läppchenzeichnung erkennen. Bei der mikroskopischen Untersuchung erschienen die Zellen eigenthümlich gequollen und gaben keine Kernfärbung mehr.

Offenbar hatte das zurückgelassene Pankreasstück in diesem Falle nur in den ersten Tagen nach der Operation noch functionirt und war dann nekrotisch geworden.

V e r s u c h 11.   Einem 15 kg schweren Hunde wird am 14. December der grösste Theil des Pankreas exstirpirt und ähnlich wie im vorigen Versuche von dem äussersten Ende des verticalen Drüsenastes circa 3 g schweres Stück zurückgelassen. Das exstirpirte Stück wiegt 46 g. Um das Aufsuchen des zurückgebliebenen Stückes bei der in Aussicht genommenen zweiten Operation zu erleichtern, wird dasselbe durch eine Naht in der Nähe der Bauchwunde fixirt. Operation beendet Vormittags 11 Uhr.

Der Nachmittags 4 Uhr entleerte Harn enthält 0,6 Proc. Zucker.

Um 6 Uhr wird Urin entleert, der zuckerfrei ist.

Am 15. December giebt der Harn keine deutliche Zuckerreaction.

Am 16. December werden Nachmittags circa 150 ccm Harn mit 7,2 Proc. Zucker entleert.

Am 17. December 410 ccm Harn mit 20,9 g Zucker und 7,05 g Stickstoff (D : N = 2,96).

An der Bauchwunde hat sich ein Abscess gebildet, welcher durch Lösung einiger Suturen entleert wird, der Hund erhält Milch, erbricht aber dieselbe.

Nach 3 Tagen stirbt er an Peritonitis. Das zurückgelassene Pankreasstück ist von Eiter umspült, von brüchiger Consistenz, mit Blutextravasaten durchsetzt.

Auch in diesem Falle durfte angenommen werden, dass das zurückgebliebene Pankreasstück nicht mehr functionirt hatte.

In zwei anderen Fällen, in welchen die in der Bauchhöhle zurückgelassenen Drüsenstücke nicht viel grösser waren, als in den beiden soeben erwähnten Versuchen, in welchen aber diese Drüsenreste, trotz der eingetretenen Sclerosirung, offenbar noch in ausreichender Weise functionirten, enthielten nur die ersten am Tage der Operation entleerten Harnportionen etwas Zucker (in dem einen

---

1) Siehe A b e l m a n n , Ueber die Ausnutzung der Nahrungsstoffe nach Pankreasexstirpation. Inaug.-Diss. Dorpat 1890. Vers. 3.

Falle 1,2 g, in dem anderen 0,7 g). Weiterhin aber vertrugen die
Thiere grosse Mengen von Kohlenhydraten in der Nahrung (bis zu
300 g Brod, 30—40 g Traubenzucker, 100 g Rohrzucker), ohne dass
Zucker in den Harn übergegangen wäre. Nach der später, am 20.
bezw. 51. Tage, erfolgten Entfernung des Drüsenrestes stellte sich
der Diabetes prompt ein.

Die vorübergehende Zuckerausscheidung unmittelbar nach der
ersten Operation durfte in diesen Fällen wohl auf die unvermeid-
lichen Läsionen der zurückgebliebenen Drüsentheile während des
operativen Eingriffs bezogen werden. Zwar beobachtet man, wie
bekannt, solche vorübergehende Glykosurien nach allen möglichen
länger dauernden chirurgischen Operationen, doch scheinen sie nach
den Operationen am Pankreas oder in der Umgebung desselben besonders häufig zu sein. Wenigstens habe ich nach derartigen Operationen (partiellen Resectionen, Transplantationen, Unterbindungen der
Ausführungsgänge u. s. w., in einem Falle auch nach Faradisation der
grossen Gallengänge in der Nähe des Pankreas [1])) im Ganzen unter
32 Fällen nicht weniger als 15 mal vorübergehend Zucker im Harn
auftreten sehen, und zwar in einzelnen Fällen sogar in beträchtlicher
Menge, bis zu 4—5 Proc. (vergl. Vers. 14 u. 15).

In drei weiteren Fällen, in welchen ungefähr $\frac{1}{8}$—$\frac{1}{12}$ der Drüse
zurückgelassen wurde, trat eine Art von alimentärer Glykosurie auf,
welche man als leichteste Form des Diabetes bezeichnen konnte.
Als Beispiel mag folgender Versuch angeführt werden:

Versuch 12. Einem mageren alten Hunde von 12 kg Gewicht
wird ein 32 cm langes und 31 g schweres Stück des Pankreas exstirpirt;
es bleibt nur die äusserste Spitze des verticalen Pankreasastes in einer
Ausdehnung von circa 3 cm zurück. Operation beendet am 31. October
Vormittags 10 Uhr.

Der um 3 und 5 Uhr Nachmittags entleerte Harn enthält keinen
Zucker.

Am 1. November Harn zuckerfrei.

2. November. Die Operationswunde ist per primam geheilt, der
Hund erhält 500 ccm Milch. Der Harn bleibt zuckerfrei.

3. November. Das Thier erhält um 10 Uhr Vormittags 20 g Trauben-
zucker. Der um 3 Uhr entleerte Urin wird beim Auffangen verschüttet.
Einige Tropfen, welche gerettet werden, geben deutliche Zuckerreaction.
Im Laufe des Tages erhält der Hund 500 ccm Milch und 250 g Fleisch.
Abends ist der Urin zuckerfrei.

4. November. Im Laufe des Tages 500 ccm Milch, 500 g Fleisch.
Um 10 Uhr Morgens ausserdem 20 g Traubenzucker.

---

1) Vgl. Lépine et Barral, Semaine médicale 1891. No. 57. p. 467.

Bis 5 Uhr Nachmittags: 170 ccm Harn mit 6,8 g Zucker.
Der um 7½ Uhr entleerte Harn ist zuckerfrei.
5. November 500 g Fleisch, 100 g Brod. Kein Zucker im Harn.
6. November dieselbe Nahrung; dazu Mittags 12 Uhr 30 g Rohrzucker. Um 3 Uhr Nachmittags 25 ccm Harn mit 0,4 g Zucker. Um 5 Uhr Harn zuckerfrei.
7. November Morgens 8 Uhr: 50 g Rohrzucker eingegen. Um 12 Uhr 120 ccm Harn mit 4,3 g Traubenzucker (Nachweis durch Gährung und Titrage). Abends ist der Urin zuckerfrei.

Bei Fütterung mit Fleisch und Milch bleibt der Urin zuckerfrei, bis dem Hunde am 20. November der Pankreasrest exstirpirt wird. Derselbe wiegt 2,5 g und ist stark sclerosirt.

Am 21. November enthält der Harn 5,2 Proc. Zucker.

Am 22. November im Harn 7,5 Proc. Zucker.

Das Thier bleibt dauernd diabetisch, bis es am 8. December unter den Erscheinungen einer Lungenaffection stirbt.

Aehnlich gestalteten sich die Verhältnisse in den beiden anderen Versuchen.

Ein der mittelschweren Form entsprechender Diabetes kam in einem Falle zur Beobachtung, in welchem das Pankreas aus der Bauchhöhle vollständig entfernt wurde, in welchem aber ein Stück der Drüse vorher unter der Bauchhaut eingeheilt war (Vers. 17, Tab. IX, S. 45). Hier trat eine ziemlich erhebliche Zuckerausscheidung auf, als das Thier mit Brod gefüttert wurde, und dieselbe schwand erst dann nahezu vollständig, nachdem mehrere Tage hindurch nur Fleisch verabfolgt worden war.

Besonders charakteristisch gestaltete sich der Verlauf eines solchen mittelschweren Diabetes in dem oben (S. 9) erwähnten Versuche an einem Schweine. Bei diesem Thiere war nur ein verhältnissmässig sehr kleiner Theil der Drüse zurückgeblieben, denn das exstirpirte Stück wog 81 g, während das zurückgebliebene bei dem nach 31 Tagen erfolgten Tode des Thieres nur 2,5 g schwer und dabei fast vollständig bindegewebig degenerirt war.

Versuch 13. Das Thier war am 28. September operirt worden und erhielt an den nächsten beiden Tagen keine Nahrung, am 1. October etwas Milch. Erst am 2. October erschien nach Brodfütterung zum ersten Male Zucker im Harn; den weiteren Verlauf giebt die Tabelle wieder:

TABELLE V.

Datum	Harn- menge in ccm	Spec. Gew.	Zucker		Stickstoff		Nahrung
			in %	in g	in %	in g	
2. October	350	1024	3,7	13,0	—	—	100 g Fleisch, 100 g Brod.
3. "	1450	1038	7,6	110,2	—	—	200 g " 500 g "
4. "	830	1029	2,2	17,6	—	—	900 g "

Datum	Harn- menge in ccm	Spec. Gew.	Zucker		Stickstoff		Nahrung
			in %	in g	in %	in g	
5. October	1080	1020	1,1	11,9	—	—	600 g Fleisch.
6. =	1850	1014	1,3	24,1	—	—	700 g =
7. =	1370	1016	1,1	15,1	1,01	13,84	400 g =
8. =	1380	1009	0,3	4,1	—	—	Hunger
9. =	2120	1003	0	0	0,39	8,27	=
10. =	970	1012	0,6	5,8	—	—	500 g Fleisch.
11. =	1680	1010	0,6	10,1	—	—	500 g =
12. =	1950	1022	4,5	87,8	—	—	500 g Fleisch, 500 g Brod.
14. =	2950	1026	5,6	165,2	—	—	500 g = 1000 g =
16. =	2500	1024	3,8	95,0	—	—	500 g = 500 g =
18. =	2600	1027	5,8	150,8	—	—	500 g = 1000 g =
28. =	1230	1037	7,2	88,6	—	—	500 g = 1000 g =

Das ausserordentlich abgemagerte, dabei aber sehr muntere und äusserst gefrässige Thier wird am 29. October behufs Untersuchung der Organe auf Glykogen durch Verbluten getödtet, nachdem es an den Tagen zuvor noch besonders reichlich mit Brod gefüttert worden war.
Es fanden sich:

im Blute 0,208 Proc. Zucker,
in 57,4 g Leber 1,122 g = 1,96 Proc. Glykogen,
in 61,3 g Muskeln 0,143 g = 0,231 Proc. Glykogen.

Das Auftreten solcher leichten und mittelschweren Formen des Diabetes nach partieller Pankreasexstirpation ist von grossem Interesse für die Auffassung der Rolle, welche dem Pankreas bei dem Verbrauch des Zuckers im Organismus zukommt. Es zeigen diese Versuche, dass eine Herabsetzung der Pankreasfunction leichtere Grade derselben Störung bewirken kann, welche im höchsten Grade zur Beobachtung gelangt, wenn die Function des Pankreas gänzlich ausfällt. Hierin darf aber ein fernerer Beweis dafür erblickt werden, dass das Auftreten des Diabetes direct auf die Störung dieser Function zu beziehen ist. Zugleich bieten diese Versuche noch weitere Analogien mit Beobachtungen aus der menschlichen Pathologie und eröffnen hierdurch die Möglichkeit, auch die leichteren Formen des Diabetes beim Menschen auf Störungen der Pankreasfunction zurückzuführen.

Gerade in dieser letzteren Hinsicht erscheint es bemerkenswerth, dass die Intensität des nach partieller Pankreasexstirpation auftretenden Diabetes weder von der Grösse des erhaltenen Drüsenstückes, noch von der Intensität der an demselben leicht erkennbaren anatomischen Veränderungen in bestimmter Weise abhängig ist. Es ist durchaus nicht zutreffend, wenn man — wie z. B. Thiroloix — aus diesem Umstande folgert, der Diabetes stehe nicht mit Störungen der Drüsenfunction in Zusammenhang, sondern sei nur auf eine „Alteration nervöser Organe zu beziehen, welche im Parenchym des Pankreas oder in seiner Umgebung gelegen sind". Dass dieses Letztere nicht der Fall ist, lässt sich direct mit Bestimmtheit beweisen, und andererseits ist es ja eine Erscheinung, welcher wir in der Pathologie aller möglichen Organe begegnen, dass die Intensität der Functionsstörung nicht immer der Grösse der anatomischen Läsion genau entspricht. Es hat daher nichts Ueberraschendes, wenn auch beim Pankreas mitunter ganz kleine Reste noch die Function des ganzen Organes in vollem Umfange versehen können, während in anderen Fällen anscheinend geringfügige Ernährungsstörungen sich bereits durch eine deutliche Beeinträchtigung der Function bemerkbar machen.

Um den Einfluss von Nervenläsionen bei dem Zustandekommen des Diabetes nach der Pankreasexstirpation bestimmt ausschliessen zu können, hatten v. Mering und ich ausser den oben erwähnten Versuchen mit partieller Resection der Drüse noch ein paar Versuche in der Weise angestellt, dass wir zunächst bei einem Hunde das ganze Mesenterium vor dem Pankreas durchtrennten, so dass die Drüse nur mit dem Duodenum in Verbindung blieb. Der betreffende Hund wurde nicht diabetisch. In zwei anderen Versuchen hatten wir die Ausführungsgänge des Pankreas unterbunden und das Organ vom Duodenum abpräparirt, so dass es nur mit dem Mesenterium in Verbindung blieb. Auch diese Thiere wurden nicht diabetisch.

Diese unserer Ansicht nach absolut beweisenden Versuche sind später von Thiroloix[1]) mit entgegengesetztem Resultate wiederholt worden. Doch ist der thatsächliche Widerspruch hier nur ein scheinbarer, denn die Versuchsanordnung von Thiroloix war von der unsrigen in einem sehr wesentlichen Punkte verschieden: er hatte bei einem und demselben Versuche das Pankreas sowohl von dem Mesenterium, als vom Duodenum abgelöst und nur eine einfache Gefässbrücke erhalten, so dass die Drüse frei in der Bauchhöhle „flottirte". Der Hund starb bereits nach 3 Tagen und hatte während dieser Zeit bis zu 3 Proc. Zucker im Harn ausgeschieden. Es ist klar, dass bei der hier in Betracht kommenden Fragestellung nur das Ausbleiben des Diabetes etwas beweisen konnte. Das Auftreten einer Zuckerausscheidung mochte sehr wohl auch durch eine Beeinträchtigung der Pankreasfunction infolge des operativen Eingriffs hervorgerufen sein. Und es ist leicht begreiflich, dass bei der Versuchsanordnung von

---

1) Diabète pancréatique. p. 96.

Thiroloix eine ausreichende Ernährung der Drüse sehr viel weniger gewährleistet war, als bei der unsrigen.

Uebrigens haben sich Lancereaux und Thiroloix von der Unhaltbarkeit ihrer ursprünglichen Auffassung mittlerweile selbst überzeugt, nachdem sie die zuerst von mir [1]) und später von Hédon [2]) ausgeführten Versuche mit Transplantation von Pankreasstücken unter die Bauchhaut wiederholt haben. [3]) In der That geben diese Versuche einen unwiderleglichen Beweis dafür, dass das Auftreten des Diabetes direct auf den Ausfall der Pankreasfunction zu beziehen ist.

Mit Rücksicht auf die besondere Bedeutung, welche diese Versuche beanspruchen dürfen, möchte ich im Folgenden etwas näher auf dieselben eingehen.

V. Versuche mit Transplantation von Pankreasstücken unter die Bauchhaut.

Nach Analogie der bekannten, von Schiff inaugurirten und neuerdings besonders von v. Eiselsberg [4]) mit so günstigem Erfolge wieder aufgenommenen Experimente an der Thyreoidea lag es nahe den Versuch zu machen, bei Thieren, welche infolge der Pankreasexstirpation diabetisch geworden waren, Stücke der Bauchspeicheldrüse zu implantiren, um dadurch eine Heilung des Diabetes zu erzielen. Eine solche Versuchsanordnung war aber hier von vornherein aussichtslos. Bei der geringen Neigung der diabetischen Thiere zur Wundheilung, bei ihrer mangelhaften Resistenz gegen Eiterungserreger war es sicher nicht zu erwarten, dass ein der Circulation entbehrendes Pankreasstück einheilen könnte, um so weniger, als ein

---

1) Minkowski, Weitere Mittheilungen über den Diabetes mellitus nach Exstirpation des Pankreas. Berl. klin. Wochenschr. 1892. Nr. 5.

2) Greffe sous-coutanée du pancréas, Soc. de biolog. 9 avril et 23 juillet 1892; Comptes rendus de l'acad. de sciences 1 août 1892; Archiv. de physiol. Oct. 1892. Hédon erkennt die Priorität meiner Versuche an, beansprucht aber für sich die Originalität der Operationsmethode. Ich habe die Beschreibung meines Operationsverfahrens, welche ich gelegentlich meines Vortrages im Strassburger naturwissenschaftlich-medicinischen Verein am 18. December 1891 gegeben hatte, nicht in den Bericht über diesen Vortrag aufgenommen. Doch scheint Hédon meine Mittheilung auf dem XI. Congress für innere Medicin im April 1892 übersehen zu haben, da er sonst aus derselben entnommen haben würde, dass sein Verfahren mit dem meinigen im Wesentlichen identisch ist.

3) Lancereaux et Thiroloix, Acad. des sciences 8 Août 1892. — Thiroloix, Bulletin de la soc. anatom. Juillet 1892. Arch. de physiol. Oct. 1892.

4) Wien. klin. Wochenschr. 1892. Nr. 5.

derartiges Drüsenstück in kürzester Zeit durch Selbstverdauung zu Grunde geht.

Ich habe es daher vorgezogen, in der Weise zu verfahren, dass ich zunächst ein Stück vom Pankreas so unter die Bauchhaut verpflanzte, dass dasselbe eine Zeit lang noch in Gefässverbindung mit der Abdominalhöhle blieb und erst, nachdem dieses Stück fest eingeheilt war, den Rest der Drüse aus der Bauchhöhle entfernte.

Die anatomischen Verhältnisse erwiesen sich beim Hunde für eine solche Versuchsanordnung sehr günstig: Der absteigende Ast des Pankreas, welcher in seiner oberen Hälfte dem Duodenum unmittelbar anliegt und hier die Arter. und Ven. pancreaticoduodenales einschliesst, entfernt sich vom Darme etwa 1—2 cm unterhalb der Einmündungsstelle des grösseren Ausführungsganges der Drüse und liegt alsdann in einer Ausdehnung von 5—10 cm und darüber, je nach der Grösse des Thieres, frei im Mesenterium. An dem untersten Ende dieses Drüsenastes vorbei ziehen die Art. und Ven. duodenal. infer., welche hier grössere Gefässäste an die Drüse abgeben. Man kann nun diesen Theil der Drüse mit Leichtigkeit so abtrennen, dass derselbe an einem langen mesenterialen Stiele, in welchem die Gefässe verlaufen, frei beweglich wird. Das durch diese Gefässe in den meisten Fällen [1]) genügend ernährte Drüsenstück lässt sich dann leicht aus der Bauchhöhle hinausleiten und in eine Hauttasche verlagern, woselbst es zur Einheilung gelangt.

Bei der Ausführung der Operation ist aber noch Folgendes zu beachten:

Die Art. und Ven. duodenal. infer. sind diejenigen Gefässe, welchen nach der Exstirpation des Pankreas und der hierbei nothwendigen Unterbindung der Art. und Ven. pancreaticoduoden. hauptsächlich die Aufgabe zufällt, die Circulation im Duodenum aufrecht zu erhalten. Werden diese Gefässe, wie es für eine bequeme Lagerung des Stieles nothwendig ist, vom Darme abgetrennt, so kann es sich leicht ereignen, dass später, nach der Entfernung des in der Bauchhöhle zurückgebliebenen Restes der Drüse, trotz grösster Schonung der anderen Gefässe, eine Nekrose des Darmes zu Stande kommt. Um dieses zu vermeiden, empfiehlt es sich, gleich bei der ersten Operation eine Anzahl der kleineren Blutgefässe, welche von der Darmwand her in die Pankreasgefässe einmünden, zu unterbinden. Dadurch wird die Entwicklung eines Collateralkreislaufs im Darme begünstigt, so dass nach einiger Zeit die Entfernung des intra-abdominalen Drüsenrestes leicht bewerkstelligt werden kann, ohne dass die Ernährung der Darmwand zu sehr gefährdet würde.

---

1) Bei zwei ganz jungen, 3 Monate alten Hunden waren diese Gefässe so schwach entwickelt, dass sie zur Ernährung des verlagerten Drüsenstückes nicht ausreichten.

Der gleiche Zweck kann auch erreicht werden, wenn bei der ersten Operation die Ausführungsgänge der Bauchspeicheldrüse unterbunden werden, so dass eine Schrumpfung der Drüse zu Stande kommt. Doch möchte ich dieses Verfahren nicht empfehlen. Einmal, weil eine vollständige Entfernung des Pankreas aus der Bauchhöhle, wie oben (S. 7) auseinandergesetzt, mit grösserer Sicherheit ausführbar ist, wenn die zurückbleibenden Drüsentheile nicht degenerirt sind, und zweitens, weil durch das Fehlen des Pankreassaftes im Darme die Ernährung der operirten Thiere in unnützer Weise frühzeitig beeinträchtigt wird.

Ferner ist bei der Verlagerung des Drüsenstückes unter die Haut sehr sorgfältig darauf zu achten, dass der Gefässstiel nicht übermässig gezerrt oder abgeknickt werde. Besonders ist es in dieser Hinsicht wünschenswerth, rechtzeitig für Abfluss des von dem verlagerten Drüsenstücke producirten Secretes Sorge zu tragen. Sonst kann es sich ereignen, dass infolge der Secretretention eine starke Anschwellung des verlagerten Drüsentheils eintritt, und hierdurch nachträglich noch eine Abknickung der Gefässe an ihrer Durchtrittsstelle durch die Bauchwand zu Stande kommt.

In zwei Fällen wurde der zuletzt erwähnte Umstand die Ursache für ein Misslingen der Versuche: in einem dieser Fälle (Vers. 18, S. 46) vereiterte dann das subcutan gelegene Drüsenstück vollständig, in dem zweiten Falle (Vers. 19, S. 48) schwoll es zunächst bis zu Faustgrösse an, verkleinerte sich nach einigen Tagen aber wieder, um in der Folge immer mehr zu schrumpfen und schliesslich vollständig zu atrophiren. In beiden Fällen hatte das verlagerte Drüsenstück nicht mehr functionirt, wie das Auftreten eines intensiven Diabetes nach der Entfernung des intraabdominalen Drüsenrestes bewies.

In zwei anderen Fällen (als Beispiel Vers. 17, S. 45), in welchen ebenfalls ein Abfluss des Drüsensecretes nicht stattfand, und infolgedessen eine erhebliche Degeneration des subcutanen Drüsenstückes zu Stande kam, war die Function desselben nicht vollständig aufgehoben, sondern nur beeinträchtigt. Dieses zeigte sich darin, dass nach der Entfernung des in der Bauchhöhle gelegene Drüsenrestes zunächst nur ein Diabetes leichterer Form auftrat, welcher erst nach der später ausgeführten Exstirpation des subcutanen Drüsenstückes seine volle Intensität erreichte.

In fünf Fällen gelang es, an dem transplantirten Drüsenstücke eine Fistel zu etabliren, aus welcher ein klarer, dünnflüssiger Saft abfloss. Ein paar Tropfen desselben, zu mehreren Cubikcentimetern dicken Stärkekleisters zugefügt, verflüssigten denselben sofort und liessen bereits nach wenigen Secunden eine intensive Saccharification erkennen. Weniger energisch, aber auch deutlich zeigte sich die tryptische Wirkung auf Fibrinflocken und Eiweissscheibchen.

In diesen Fällen nun (als Beispiele Vers. 14, 15 u. 16, S. 39—45) vermochte das subcutan gelegene Drüsenstück die Function des Pankreas bei dem Zuckerverbrauch vollständig zu erfüllen. Denn nach Entfernung des intraabdominalen Drüsenrestes wurden die Thiere nicht diabetisch. In zwei Fällen trat zwar vorübergehend, unmittelbar nach der Operation, eine leichte Glykosurie auf (vergl. S. 30), später aber vertrugen sämmtliche Thiere sehr grosse Mengen von Kohlehydraten, ohne dass Zucker in den Harn übergegangen wäre. Einzelne nahmen sogar trotz mangelhafter Resorption der Nahrung merklich an Körpergewicht zu.

Dass es in der That nur das unter der Bauchhaut eingeheilte Drüsenstück war, welches das Zustandekommen des Diabetes in diesen Fällen verhindert hatte, geht daraus hervor, dass die Zuckerausscheidung sofort in grösster Intensität auftrat, sobald das subcutane Pankreasstück nachträglich entfernt wurde.

Es ist also auf diesem Wege möglich, durch einen ganz geringfügigen, nur wenige Minuten dauernden Eingriff, welcher ohne Eröffnung der Bauchhöhle ausführbar ist, und bei welchem von irgend welchen Nebenverletzungen absolut nicht die Rede sein konnte, einen bis zum Tode der Thiere andauernden Diabetes schwerster Form zu erzeugen.

In einer früheren Mittheilung [1] habe ich erwähnt, dass bereits die Unterbindung der Gefässe, welche in dem mesenterialen Stiele des transplantirten Pankreasstückes verliefen, genügte, um das Auftreten des Diabetes zu bewirken. Es stützte sich diese Mittheilung auf das Ergebniss zweier Versuche (als Beispiel Vers. 15), bei welchen die Blutversorgung durch die neugebildeten Gefässe von dem umgebenden Gewebe aus offenbar nicht ausgereicht hatte, um das transplantirte Drüsenstück zu ernähren, und infolgedessen nach der Unterbindung der mesenterialen Gefässe die Drüsenzellen nekrotisch geworden waren. In diesen Fällen hatte auch die Absonderung des Pankreassaftes unmittelbar nach der Gefässunterbindung aufgehört.

Möglicher Weise ist aber das Ergebniss dieser beiden Versuche nur darauf zurückzuführen, dass die Unterbindung der Gefässe zu frühzeitig (in einem Falle 12, in dem anderen 17 Tage nach der Verlagerung des Drüsenstückes) vorgenommen wurde. Bei längerem Warten wäre vielleicht noch eine ausreichende Vascularisation des subcutanen Drüsenstückes von dem umgebenden Gewebe her zu Stande gekommen. In einzelnen Versuchen von Hédon und Thiroloix

1) Verhandlungen des XI. Congresses für innere Medicin zu Leipzig 1892.

scheint dieses in der That der Fall gewesen zu sein. Ich habe indessen meine Bemühungen in dieser Hinsicht nicht weiter fortgesetzt, weil es für die Deutung der Versuchsresultate bis zu einem gewissen Grade gleichgültig ist, ob die zuführende Arterie im mesenterialen Stiele erhalten bleibt, oder ob die Blutzufuhr durch neugebildete Arterien von dem umgebenden Gewebe her stattfindet. In beiden Fällen erhält die Drüse arterielles Blut von der gleichen Zusammensetzung. Dagegen war es von grossem Interesse, zu erfahren, ob nicht etwa ein Abfluss des Blutes aus dem Pankreas in das Gebiet der Pfortader nothwendig sei, damit das Zustandekommen des Diabetes verhindert werde. Denn es wäre ja denkbar, dass die normale Function des Pankreas bei dem Zuckerverbrauch an das Hineingelangen gewisser aus dieser Drüse stammenden Stoffe in die Leber gebunden sei.

Um dieses zu entscheiden, habe ich in einem Falle, in welchem das unter der Haut eingeheilte Drüsenstück so gut functionirte, dass der Diabetes vollkommen ausblieb (Vers. 16, S. 43), den Gefässstiel an seiner Durchtrittsstelle aufgesucht, habe dann die zuführende Arterie isolirt und freigelassen, den übrigen Stiel aber doppelt unterbunden und durchschnitten. Nach diesem Eingriffe trat eine Zuckerausscheidung im Harne nicht auf. Der Diabetes stellte sich vielmehr erst dann ein, als das subcutane Drüsenstück ganz entfernt wurde.

Die Absonderung des Pankreassaftes hatte in diesem Falle nach der Venenunterbindung zwar nicht ganz aufgehört, war aber doch sehr erheblich vermindert. Es zeigte sich bei diesem Versuche, ebenso wie bei mehreren anderen, dass ein directer Zusammenhang zwischen der secretorischen Function des Pankreas und derjenigen Function desselben, welche den Zuckerverbrauch vermittelt, nicht besteht. So habe ich auch in zwei Fällen, in welchen ein Abfluss von Secret aus dem subcutan transplantirten Pankreasstücke überhaupt nicht stattfand, den Diabetes vollkommen ausbleiben sehen. Und neuerdings hat Thiroloix[1] auch einen Versuch mitgetheilt, in welchem die Zuckerausscheidung zunächst 21 Tage lang durch ein subcutan transplantirtes Pankreasstück verhindert war, dann aber plötzlich ein Diabetes sich einstellte, obgleich die Saftsecretion an dem subcutanen Drüsenstücke ungestört weiter von Statten ging. Thiroloix macht mit Recht auf die Bedeutung aufmerksam, welche dieser Versuch für das Verständniss von manchen Fällen des menschlichen Diabetes haben könnte,

---

1) Thiroloix, Note sur la physiologie du pancréas. De la dissociation expérimentale des sécrétions externe et interne de la glande — rôle dans le diabète. Arch. de physiol. October 1892.

bei welchen das Pankreas erhalten ist, und die secretorische Function desselben nicht beeinträchtigt zu sein scheint.

Um ein genaueres Bild von den hier mitgetheilten Beobachtungen zu geben, bringe ich im Folgenden die ausführliche Beschreibung einiger Versuche:

Versuch 14. Bei einem Hunde von 15 kg Gewicht wird am 9. October 1891 ein 7 cm langes Stück von dem untersten Ende des absteigenden Pankreasastes in eine Hauttasche an der rechten Seite des Abdomen verlagert. Der Ausführungsgang dieses Drüsenstücks wird in der Nähe des rechten Rippensaumes in die Haut eingenäht. Ausserdem wird — behufs Erleichterung der späteren Operation — von dem Theile des verticalen Pankreasstückes, welches dem Duodenum anliegt, noch ein etwa 5 cm langes Stück mitsammt dem Hauptausführungsgange der Drüse exstirpirt. Operation beendet Mittags 12 Uhr.

Nachmittags 4½ Uhr entleert der Hund 130 cm Harn von spec. Gewicht 1046 mit 5,0 Proc. Zucker.

Am 10. October Morgens enthält der Harn noch Spuren von Zucker (0,1—0,2 Proc.), Nachmittags ist er zuckerfrei. In der Folge tritt auch bei reichlicher gemischter Nahrung kein Zucker mehr im Harn auf.

Ueber dem subcutan gelegenen Pankreasstück stellt sich in den ersten Tagen ein mässiges Oedem der Haut ein. Secret fliesst zunächst nicht ab. Am 3. Tage nach der Operation wird an der Stelle, an welcher der Ausführungsgang unter der Haut befestigt ist, eine kleine Incision gemacht. Es sickert zunächst eine etwas sanguinolente Flüssigkeit ab. Die Anschwellung geht in den nächsten Tagen zurück; man kann alsdann das etwas derber gewordene Pankreasstück unter der Haut deutlich hindurchfühlen. An der Incisionsstelle hat sich eine Fistel gebildet, aus der dauernd ein dünnflüssiges, wasserhelles Secret abfliesst, welches alle Eigenschaften des normalen Pankreassaftes zeigt.

Am 29. October wird der in der Bauchhöhle befindliche Rest des Pankreas exstirpirt. Derselbe ist ziemlich stark geschrumpft und sklerosirt.

Der 6 Stunden nach der Operation entleerte Harn enthält 0,5 Proc. Zucker.

Am folgenden Morgen ist Zucker im Harn nicht mehr mit Sicherheit nachweisbar.

Am 31. October erhält der Hund 500 ccm Milch. Der Harn bleibt zuckerfrei.

Am 1. November erhält er 500 ccm Milch und 250 g Brod. Im Harn kein Zucker.

Am 2. November frisst er 500 g Brod und 500 g Fleisch; am 3. Nov. erhält er ausserdem 100 g Rohrzucker. Der Harn bleibt zuckerfrei.

Die Operationswunde heilt ohne Zwischenfall. Der täglich untersuchte Harn bleibt dauernd zuckerfrei, obgleich der Hund reichlich Kohlehydrate in der Nahrung erhält. Körpergewicht am 24. November 15,5 kg.

Am 25. November wird das subcutan gelegene Pankreasfragment exstirpirt (ohne Narkose).

Das Drüsenstück zeigt etwas derbere Consistenz und eine mässige Vermehrung des interstiticllen Bindegewebes, sieht aber im Uebrigen noch wohlerhalten aus und lässt ziemlich normale Läppchenzeichnung erkennen. Der am 25. November Abends, 7 Stunden nach der Operation entleerte Harn enthält 9,4 Proc. Zucker. Der weitere Verlauf ist aus Tabelle VI. (S. 41) ersichtlich.

Versuch 15. Bei einem Hunde von 9,6 kg Gewicht wird am 13. November 1891 ein 6 cm langes Pankreasstück unter die Haut verlagert. Ausserdem noch ein etwa ebenso grosses Stück vom absteigenden, dem Darme anliegenden Drüsenaste exstirpirt. Operation beendet Vormittags 11 Uhr.

Während des Erwachens aus der Narkose ist das Thier sehr unruhig und aspirirt dabei Luft durch die Oeffnung in der Haut, an welcher der Ausführungsgang des transplantirten Drüsenstückes fixirt ist. Es entwickelt sich infolgedessen ein ziemlich starkes Hautemphysem in der Umgebung der Wunde.

Nachmittags 6 Uhr entleert der Hund 120 ccm Harn, specifisches Gewicht 1036 mit 3,6 Proc. Zucker.

Am 14. November ist der Urin zuckerfrei. Das Hautemphysem ist geschwunden, das subcutane Pankreasstück ein wenig angeschwollen.

Der Hund erhält Milch und Fleisch, später auch reichlich Brod, ohne dass wieder Zucker im Harn auftritt.

Am 16. November beginnt aus einer Ecke der Bauchwunde ein klares, dünnflüssiges Secret abzufliessen, welches Stärkekleister in wenigen Secunden saccharificirt, ein Eiweissscheibchen aber erst nach 12 Stunden vollständig verdaut.

Körpergewicht am 19. November 9,8 kg.

Am 23. November wird der Rest des Pankreas aus der Bauchhöhle entfernt. Operation beendet 1 Uhr Nachmittags.

Um 6 Uhr Abends entleert das Thier 80 ccm Harn, specifisches Gewicht 1041 mit 4,1 Proc. Zucker.

Am 24. November Morgens ist der Harn zuckerfrei.

Das Thier erhält Mittags 150 ccm Milch. Der Harn bleibt zuckerfrei. Körpergewicht am 24. November 9,3 kg.

Am 25. November erhält der Hund 250 ccm Milch und 500 g Fleisch. Danach kein Zucker im Harn.

Am 26. November 500 ccm Milch, 300 g Fleisch und 300 g Brod. Der Harn bleibt zuckerfrei.

Der Hund erhält reichlich gemischte Nahrung, welche er gierig frisst. Er entleert dabei sehr grosse Kothmengen, welche viel Fett enthalten (bis über 80 Proc. der in der Nahrung eingeführten Fettmenge). — Die Operationswunde ist glatt geheilt. — Der täglich untersuchte Harn enthält niemals Zucker.

Körpergewicht am 27. November 9,7 kg.
     =   = 30.   =   10,2 kg.

Am 30. November Mittags 12 Uhr wird durch eine Incision am lateralen Rande des subcutanen Pankreasstückes der mesenteriale Gefässstiel extraperitoneal freigelegt und en bloc unterbunden.

Datum	Harn-menge in ccm	Spec. Gew.	Zucker in %	Zucker in g	Stickstoff in %	Stickstoff in g	D : N	Nahrung	Bemerkungen
26.Nov.Morg.	?	1027	5,7	—	—	—	—	Fleisch und Brod	—
26.—27. Nov.	830	1045	6,6	54,8	—	—	—	750 g Fleisch	—
27.—28. "	530	1051	6,7	35,5	2,74	17,67	2,74	1000 g	—
28.—29. "	645	1050	7,5	43,4	2,38	21,90	2,86	"	—
29.—30. "	920	1048	6,8	62,6	1,59		3,02	"	25 g Extr. Syzyg. Jambol.
30. Nov. Abds.	435	1034	4,8	53,6	1,94	17,49	3,09	"	
1. Dec. Morg.	545	1044	6,0					"	Am 2. Dec. Nachm., ist das Thier nicht recht munter.
1.—2. Dec.	770	1055	8,0	61,6	2,45	18,87	3,26	"	
2.—3. "	500	1057	9,1	45,5	2,43	12,15	3,74	"	Das Thier ist krank. Harn ikterisch, zum Theil mit Erbrochenem verunreinigt, daher Tagesmenge nicht bestimmbar.
3.—4. "	?	1031	1,8	?	1,59	?	0,95	200 g Fleisch; bald wieder erbrochen. Das Thier frisst dann nichts mehr.	Thier wieder munter. Harn noch ikterisch.
4.—5. "	610	1038	4,6	28,1	1,91	11,65	2,40	750 g Fleisch	Körpergewicht 12,5 kg.
5.—6. "	1050	1047	6,9	72,4	2,03	21,32	3,40	1000 g	Thier munter und gefrässig. Harn nicht mehr ikterisch.
6. Dec. Abds.	440	1045	7,2 (titr. 7,3)	75,1	2,32	24,32	3,10	1000 g 60 g Topinamburmehl	Das Topinamburmehl wird am 6. December Abends 6 Uhr verabfolgt.
7. " Morg.	700	1046	6,2 (titr. 6,3)		2,03		3,05	1000 g Fleisch 100 g Topinamburmehl	Je 50 g Topinamburmehl am 7. December um 12 und 5 Uhr eingegeben.
7.—8. Dec.	1100	1056	9,0 (titr. 9,2)	99,0	1,75	19,25	5,14	1000 g Fleisch	
8.—9. "	700	1064	8,9	62,3	2,89	20,23	3,08	" "	
9.—10. "	670	1060	7,5	50,3	2,64	17,6	2,84	" "	
10.—11. "	1500	1050	9,2 (titr. 9,4)	138,0	1,40	21,0	6,57	100 g Traubenzucker 1000 g Fleisch	Der Traubenzucker am 10. December um 12, um 5 und um 8 Uhr eingegeben. Fäcesbreiig, bluthaltig, Körpergew. 11,6 kg. Das Thier ist sehr schwach geworden; kann nicht mehr springen.
11.—12. "	840	1055	6,9	58,0	2,52	21,17	2,74	" "	
12.—13. "	855	1052	5,7	48,7	3,08	26,33	1,85	" "	
13.—14. "	780	1050	5,3	41,3	2,85	22,23	1,83	" "	1,5 g Phloridzin am 14. Dec. subcutan injicirt.
14.—15. "	940	1059	8,5	79,9	2,38	22,37	3,57	" "	
15.—16. "	270	1064	8,5	22,9	2,90	7,83	2,93	Frist nur 500 g Fleisch	Schwächezustand nimmt sehr auffallend zu. Der Hund kann kaum mehr stehen.
16. Dec. Abds.	150	1057	6,2	—	2,85	—	2,18	Frist nichts	Am 16. Dec. Mittags äusserster Collaps, Körpertemperatur 31° C.
In d. Harnbl. nach dem Tode	85	1054	5,4	—	2,71	—	2,00	—	Um 6 Uhr Abends todt.

Nachmittags 5 Uhr enthält der Harn bereits 6,6 Proc. Zucker. Den weiteren Verlauf ergiebt die folgende Tabelle:

TABELLE VII.

Datum	Harnmenge in ccm	Spec. Gew.	Zucker in %	in g	Stickstoff in %	in g	D:N	Nahrung	Bemerkungen
30. Nov. 5 Uhr Nm.	40	1035	6,6		—	—	—	Fleisch u. Brod	Der Ausfluss des Pan-
9 Uhr Nm.	240	1039	7,2	44,5	—	—	—		kreassaftes aus der Fistel hat sofort nach
1. Dec. Morgens	230	1064	10,7		—	—	—		der Gefässunterbin- dung aufgehört.
1.—2. Dec.	530	1065	9,9	52,5	2,80	14,84	3,5	500 g Fleisch	Die Fistel ist vollstän- dig verklebt. Kör- pergewicht 8,7 kg.
2.—3. =	540	1061	8,0	43,2	2,64	14,26	3,0	= =	—
3.—4. =	500	1059	7,4	37,0	2,49	12,45	2,9	= =	An dem subcutanen Pankreasstück ein Abscess, welcher er- öffnet wird.
4.—5. =	350	1062	7,0	24,5	3,04	10,64	2,3	350 g Fleisch, frisst nicht mehr	Thier sieht krank aus. Harn giebt deutliche Eisenchloridreac- tion. Körpergewicht 7,5 kg. Thier sehr schwach, kann nicht mehr laufen. An der Bauchwunde starke Eiterung. Im Harn sehr starke Eisen- chloridreaction. Viel Aceton. Auch Oxy- buttersäure nach- weisbar.
5.—6. =	470	1039	3,5	16,5	—	—	—	100 g Fleisch, frisst nicht mehr	—
6.—7. =	260	1024	2,6	6,8	—	—	—	Frisst nicht	Am 7. Dec. 10 Uhr Vorm. Tod des Thie- res. Gewicht nach dem Tode 6,7 kg.

Bei der Section findet sich das subcutane Pankreasstück zum Theil vereitert. Ein circa 5 g schweres Stück zeigt noch normale Läppchen-zeichnung mit mässiger interacinöser Bindegewebswucherung und geringer Erweiterung der Ausführungsgänge. Auf mikroskopischen Schnitten sieht aber das Drüsengewebe eigenthümlich glasig-transparent aus, die Zellen nehmen keine Kernfärbung mehr an. Es war also offenbar nach der Gefässunterbindung eine Coagulationsnekrose eingetreten. —

Versuch 16. Bei einem Hunde von 17 kg Gewicht wird am 4. Mai Nachmittags 4 Uhr ein 6 cm langes Stück von dem untersten Pankreas-ende unter die Haut verlagert. Ausserdem werden auf jeder Seite des Duodenum mehrere von den Gefässästen unterbunden, welche in die Art. und Ven. pancreaticoduodenal. einmünden.

Der im Laufe der Nacht entleerte Harn ist z u c k e r f r e i; auch in der Folge tritt eine Zuckerausscheidung nicht auf.

Das subcutane Drüsenstück schwillt zunächst etwas an; dann beginnt am oberen Ende der Bauchwunde eine klare Flüssigkeit auszusickern, worauf das Drüsenstück sich wieder bis auf die ursprüngliche Grösse verkleinert. Durch wiederholte Sondirungen wird die entstandene Fistel offen erhalten. Es fliesst aus derselben dauernd ein wasserhelles Secret ab, welches alle Eigenschaften des normalen Pankreassaftes zeigt.

Am 31. Mai ist die Fistel geschlossen; es hat sich in der Nähe derselben am oberen Ende des subcutan gelegenen Pankreasstückes ein fluctuirender Tumor gebildet. Derselbe entleert sich, nachdem eine Glascanüle durch die Fistel eingeführt wird. Es fliessen dabei 18 ccm Pankreassaft ab.

Am 2. Juni abermalige Verstopfung der Fistel. Durch Sondirung werden 31 ccm Pankreassaft erhalten. Die Fistel bleibt jetzt offen. Die Secretion ist andauernd reichlich.

Am 20. Juni E x s t i r p a t i o n des i n t r a a b d o m i n a l e n P a n-k r e a s r e s t e s. Derselbe sieht ganz normal aus und wiegt 40 g.

Am 21. Juni Morgens: 120 ccm Harn, o h n e Z u c k e r.

Am 22. Juni erhält der Hund 300 ccm Milch; danach: 250 ccm Harn, spec. Gew. 1035, etwas ikterisch, z u c k e r f r e i.

Am 23. Juni erhält das Thier 500 ccm Milch, 250 g Brod; danach: 325 ccm Harn, spec. Gew. 1031, nicht mehr ikterisch, z u c k e r f r e i.

Am 24. Juni: 500 ccm Milch, 500 g Brod, 500 g Fleisch. Danach: 400 ccm Harn, spec. Gew. 1030, z u c k e r f r e i.

Das Thier ist sehr munter und kräftig; Körpergewicht 17,5 kg. Die Wunde ist glatt geheilt. Das subcutane Pankreasstück secernirt weiter (2 Tropfen des Secretes verflüssigen in einer halben Minute 15 ccm eines ganz steifen Stärkekleisters).

Das Thier erhält jetzt ad libitum gemischtes Futter (Küchenabfälle aus Fleisch, Brod, Kartoffeln u. s. w.). Es entleert:

am 27. Juni: 950 ccm Harn, spec. Gew. 1023, k e i n Z u c k e r,
= 29. =   820 =   =   =   1020, k e i n Z u c k e r.

An diesem Tage werden 2 0 0 g R o h r z u c k e r in 2 Portionen um 11 Uhr Vorm. und 3 Uhr Nachm. verabfolgt, darauf: am 30. Juni: 740 ccm Harn, spec. Gew. 1021, Z u c k e r n i c h t m i t S i c h e r h e i t n a c h w e i s b a r. (Erst nach dem Kochen des Harnes mit verdünnter Schwefelsäure zeigt sich ganz geringe Reduction; im Polarisationsapparate keine deutliche Drehung.)

Der in der Folge fast täglich untersuchte Harn bleibt stets z u c k e r-f r e i, trotz reichlicher Zufuhr von Kohlehydraten in der Nahrung.

Körpergewicht am 19. Juli 17,2 kg.

Am 20. Juli Vorm. 11 Uhr wird durch einen Hautschnitt an der medialen Seite des subcutanen Pankreasstückes der mesenteriale Gefässstiel freipräparirt, die A r t e r i e i s o l i r t, und alsdann u m d e n R e s t d e s S t i e l e s e i n e L i g a t u r a n g e l e g t.

Nachmittags: 250 ccm Harn, spec. Gew. 1022, z u c k e r f r e i.

Bis zum folgenden Morgen: 265 ccm Harn, spec. Gew. 1022, k e i n Z u c k e r.

TABELLE VIII.

Datum	Harnmenge in ccm	Spec. Gew.	Zucker in %	Zucker in g	Stickstoff in %	Stickstoff in g	D : N	Nahrung	Bemerkungen
5. August 5 Uhr Nachm.	210	1034	3,6	22,6	1,45	12,01	2,48	gemischt	Körpergewicht 14,3 kg.
6. August 5 Uhr Morg.	400	1036	3,8		2,24		1,69	—	
6.—7. Aug.	1790	1038	5,7	102,0	1,80	32,22	3,14	1000 g Fleisch	
7.—8. "	940	1047	6,5	61,1	2,25	21,15	2,68	750 g "	
8.—9. "	1620	1038	5,5	89,1	1,87	30,29	2,94	" "	
9.—10. "	630	1048	7,1	44,7	2,30	14,44	3,09	500 g "	
10.—11. "	550	1049	5,7	47,9	2,01	11,06	4,33	240 g Brod / 265 g Fett / 500 g Fleisch	In den Fäces der beiden Tage wiedergefunden 26,17 g Amylum.
11.—12. "	1240	1042	6,9	85,6	1,73	21,45	3,99	500 g Fleisch	
12.—13. "	1390	1046	6,5	90,4	2,01	27,94	3,25	500 g Fleisch / 750 g "	Der Hund wird merklich schwächer, ist aber noch recht munter. Körpergewicht 12,1 kg.
13.—14. "	1190	1042	5,8	69,0	2,05	24,40	2,96	"	
14. August 11 Uhr Vorm.	300	1040	5,6	79,3	1,98	22,23	2,83	"	Um 11 Uhr Vorm. subcutane Injection von 1,0 Phloridzin.
8 Uhr Nachm.	600	1036	6,5		1,15		5,65	"	
15. August 8 Uhr Vorm.	480	1036	4,9		1,54		3,17	"	
11 Uhr Vorm.	65	1032	3,3	10,1	1,73	8,21	1,91	frisst nur 200 g Fleisch	
8 Uhr Nachm.	180	1030	2,8		1,77		1,58		Thier äusserst schwach, kann nicht mehr stehen.
16. August 8 Uhr Vorm.	190	1025	1,2		1,87		0,65		
In der Harnblase nach dem Tode	80	1024	1,2	—	—	—	—		Am 16. August Vorm. todt.

Das Thier erhält jetzt 500 g Brod und 1 Liter Milch; in den folgenden 24 Stunden:

960 ccm Harn, spec. Gew. 1020, kein Zucker.

Die Secretion des Pankreassaftes aus dem subcutanen Drüsenstücke ist sehr spärlich geworden. Die Fistel ist wiederholt ganz geschlossen. Durch Sondiren derselben werden immer nur wenige Tropfen Secret erhalten, welches aber sehr energisch saccharificirt.

Der Harn bleibt dauernd zuckerfrei, trotz reichlicher gemischter Nahrung.

Körpergewicht am 3. August 16,0 kg.

Am 5. August wird das subcutane Drüsenstück exstirpirt. Dasselbe wiegt 8,5 g, ist 4 cm lang, 3 cm breit und circa 1 cm dick, von derber Consistenz. Auf dem Durchschnitt Läppchenzeichnung erhalten, mässige Vermehrung des interstitiellen Bindegewebes, geringe Erweiterung der Ausführungsgänge. Auf mikroskopischen Präparaten Aussehen und Färbbarkeit der Zellen ganz normal. Operation beendet 1 Uhr Nachmittags.

Um 5 Uhr enthält der Urin bereits 3,6 Proc. Zucker. Der weitere Verlauf ist aus Tabelle VIII. (S. 44) ersichtlich.

Versuch 17. Einem Hunde von 15 kg Gewicht wird am 24. Juni das unterste Ende des absteigenden Pankreasastes in einer Ausdehnung von 8 cm Länge unter die Haut verlagert. Ausserdem einige Blutgefässe am Duodenum unterbunden.

Weder in der ersten, noch in den folgenden Harnportionen ist Zucker nachweisbar.

Es gelingt in diesem Falle nicht, einen Abfluss des Pankreassaftes zu erzielen. Das subcutane Drüsenstück schwillt anfangs ziemlich stark an, nach einigen Tagen aber beginnt es sich zu verkleinern und schrumpft dann allmählich immer mehr. Am 14. Juni fühlt es sich bereits viel kleiner an, als ursprünglich, dabei sehr hart.

Am 15. Juni wird der in der Bauchhöhle zurückgebliebene Rest des Pankreas exstirpirt. Derselbe zeigt normales Aussehen.

Die erste Harnentleerung nach dieser Operation erfolgt erst am 16. Juli Mittags. Der Harn, 170 ccm, spec. Gew. 1048, enthält keinen Zucker.

Den weiteren Verlauf giebt die folgende Tabelle wieder:

TAELLE IX.

Datum	Harnmenge in ccm	Spec. Gew.	Zucker		Stickstoff		D : N	Nahrung	Bemerkungen
			in %|	in g	in %|	in g			
17. Juli 8 Uhr Vm.	175	1048	0	0	—	—	—	—	—
19. Juli	?	—	0	0	—	—	—	250 g Fleisch	An der Operationswunde unter d. Haut kleiner Abscess, welcher eröffnet wird.
20. Juli	460	1040	0	0	—	—	—	500 g Fleisch	—

Datum	Harnmenge in ccm	Spec. Gew.	Zucker in %	Zucker in g	Stickstoff in %	Stickstoff in g	D : N	Nahrung	Bemerkungen
21. Juli	?	—	0	0	—	—	—	500 g Fleisch	—
22. »	475	1054	3,8	18,0	—	—	—	500 g Fleisch u. 300 g Brod	—
23. »	360	1049	3,4	12,2	3,45	12,42	1,00	500 g Fleisch u. 300 g Brod	Wunde granulirt gut. Das Thier ist recht munter.
24. »	560	1045	4,1	23,0	2,89	16,18	1,42	500 g Fleisch	—
25. »	470	1045	2,3	10,8	3,87	18,19	0,60	» »	—
26. »	340	1040	1,1	3,7	—	—	—	» »	—
27. »	320	1044	0,2	0,6	—	—	—	» »	Wunde ganz geheilt.
28. »	350	1035	Spuren?	Spuren?	—	—	—	» »	—
29. » 5 Uhr Vm.	300	1042	0,3	0,9	—	—	—	» »	—

Am 29. Juli wird das subcutane Pankreasstück exstirpirt (ohne Narkose). Dabei ziemlich starke Blutung aus zahlreichen kleinen neugebildeten Gefässen, welche aus der Umgebung in das Pankreasstück eindringen. Das Pankreasstück ist 7 cm lang, 1,2 cm breit und nur 0,5 cm dick, wiegt nicht ganz 5 g. Am oberen Ende befindet sich eine etwa bohnengrosse Cyste, mit zähem, schleimigem Inhalt. Das Gewebe ist im Uebrigen sehr stark indurirt; in der Nähe der eintretenden mesenterischen Gefässe noch ziemlich reichliche Reste von Drüsenläppchen, in der oberen Hälfte nur sehr wenig Drüsengewebe zu erkennen. Im Ganzen überwiegt bei Weitem das Bindegewebe. Die Ausführungsgänge sehr stark erweitert, bis zu 3 mm im Durchmesser.

7 Stunden nach der Operation werden 510 ccm Harn entleert, welcher 4,5 Proc. Zucker enthält. Der weitere Verlauf ist aus Tabelle X. (S. 47) ersichtlich.

Am 12. August erhält der Hund im Laufe des Vorm. noch 100 g Laevulose und wird dann um 5 Uhr Nachm. behufs Bestimmung des Glykogens durch Verbluten getödtet. Es werden zunächst 2 Portionen Blut zu 50 ccm aus der Art. femoralis entnommen und behufs Bestimmung des Zuckergehalts nach Hofmeister enteiweisst.

Es werden gefunden:

im Blute I 0,403 Proc. } im Durchschnitt 0,409 Proc. Zucker;
»　　» II 0,415 　　»

in 54,5 g Leber: 4,39 g == 8,06 Proc. } im Durchschnitt 8,14 Proc.
» 53,0 »　　» 4,26 » == 8,22 » 　　 Glykogen.

Gewicht der ganzen Leber 569 g; demnach:

in der ganzen Leber: 46,32 g Glykogen.

In 61 g Muskeln 0,375 g == 0,81 Proc. Glykogen.

Versuch 18. Einem Hunde von 9,3 kg Gewicht wird ein 5 cm langes Pankreasstück unter die Haut verlagert. Operation am 17. Februar 1892.

Der Harn bleibt zuckerfrei.

Das verlagerte Pankreasstück ist am folgenden Tage stark ange-

TABELLE X.

Datum	Harn-menge	Spec. Gew.	Zucker in %	Zucker in g	Stickstoff in %	Stickstoff in g	D:N	Nahrung	Bemerkungen
29. Juli 6 Uhr Nachm.	510	1044	4,5	23,0	3,15	16,07	1,43	500 g Fleisch	—
30. Juli 8 Uhr Vorm.	Harn verunreingt	?	?	?	?	?	?	—	—
31. Juli	600	1066	10,6	63,6	2,75	16,50	3,85	750 g Fleisch	—
1. August	1020	1054	8,3	84,7	2,52	25,70	3,30	1000 g "	—
2. "	980	1070	12,1 (titr. 12,0)	118,6	2,61	25,58	4,60	1000 g " / 50 g Milchzucker	
3. "	410	1064	10,8	44,3	2,80	11,48	3,86	500 g Fleisch	Diarrhoe. Frisst weniger gierig. Fäces wieder consistent.
4. "	490	1072	10,9	53,4	3,31	16,22	3,29	"	
5. "	610	1057	9,6	58,6	3,27	19,95	2,93	"	Körpergew. 13,2 kg.
6. "	1520	1050	9,5	144,4	1,54	23,41	6,17	{ 500 g Fleisch / 75 g Traubenzucker }	—
7. "	920	1053	11,2	103,0	1,59	14,63	7,06	{ 500 g Fleisch / 75 g Traubenzucker }	Einmal. diarrhoische Entleerung.
8. "	470	1072	10,5	49,4	3,30	15,51	3,18	650 g Fleisch	Fäces wieder consistent. Körpergew. 12,3 kg.
9. "	500	1071	10,8	54,0	3,49	17,45	3,09	"	
10. "	660	1063	9,3	61,4	3,20	21,12	2,91	"	
11. "	1080	1051	Polar. 8,8 / Titr. 9,3	98,3 D / 2,2 L	1,40	15,12	6,50	{ 400 g Fleisch / 100 g Lävulose }	Säuft die Lösung der Lävulose freiwillig, frisst aber nachher kein Fleisch mehr.
12. " 8 Uhr Vorm.	1200	1045	Polar. 6,7 / Titr. 10,1	105,6 D / 15,6 L	0,65	7,80	13,54	200 g Lävulose	Köpergew. 11,2 kg.

schwollen und sehr schmerzhaft. In den nächsten Tagen erscheint der Hund krank, frisst wenig und erbricht wiederholt. Um das verlagerte Drüsenstück bildet sich eine fast faustgrosse fluctuirende Geschwulst. Nach Eröffnung derselben entleert sich eine blutig-citrige zähe Flüssigkeit. — Das Thier erholt sich bald; die Wunde eitert einige Zeit, heilt aber schliesslich nach 14 Tagen vollständig. Von dem transplantirten Drüsenstück ist aber alsdann nichts mehr durch die Haut hindurchzufühlen; es scheint ganz zu Grunde gegangen zu sein.

Am 7. März ist der Hund sehr munter. Körpergewicht 10,5 kg.

Es wird jetzt der in der Bauchhöhle zurückgebliebene Drüsenrest exstirpirt. Die Blutcirculation im Duodenum scheint nach der Operation eine ungenügende zu sein: das Duodenum sieht cyanotisch aus und hat sich an der Operationsstelle krampfhaft contrahirt.

6 Stunden nach der Operation werden 25 ccm Harn entleert, welcher keinen Zucker enthält.

Am folgenden Morgen enthält der Harn 1,7 Proc. Zucker.

Der weitere Verlauf ist aus der Tabelle ersichtlich:

TAELLE XI.

Datum	Harnmenge in ccm	Spec. Gew.	Zucker in %	Zucker in g	Stickstoff in %	Stickstoff in g	D : N	Nahrung	Bemerkungen
8. März 8 Uhr Vm.	70	1051	1,7	—	—	—	—	—	—
8.—9. März	270	1040	5,0	13,5	2,03	5,48	2,47	250 g Fleisch	—
9.—10. »	355	1054	8,1	28,8	2,52	8,95	3,22	500 g »	Wunde gut geheilt. Thier munter.
10.—11. »	850	1050	7,4	62,9	2,50	21,25	2,96	1250 g »	
11.—12. »	470	1049	6,7	31,5	2,57	12,08	2,65	150 g » frisst nicht mehr	Wiederholt Erbrechen.
12.—13. »	510	1038	4,6	23,5	2,01	10,25	2,29	frisst nichts	Collaps.
13.—14. »	5	—	2,4	0,8	—	—	—	—	Am 14. März Morgens todt.

Die Section ergiebt als Todesursache eine Peritonitis, welche von einer etwa erbsengrossen Perforationsstelle des Duodenum ausgegangen ist. An der Duodenalschleimhaut ausserdem noch ein fünfpfennigstückgrosses rundes Geschwür, welches bis in die Muscularis hineinreicht. — Von dem subcutanen Pankreasstück ist keine Spur mehr zu finden. —

Versuch 19. Bei einem jungen Hunde von 6,5 kg Gewicht wird am 23. März ein 3½ cm langes Pankreasstück unter die Haut verlagert. Die mesenterialen Gefässe sind in diesem Falle auffallend schwach entwickelt.

Zucker tritt im Harn nicht auf.

Die Operationswunde heilt glatt, doch gelingt es nicht, eine Fistel an dem transplantirten Drüsenstücke zu etabliren. — Das letztere schwillt anfangs stark an und schrumpft später sehr erheblich, so dass es nach

14 Tagen kaum noch unter der Haut zu fühlen ist. Das Thier ist munter und kräftig.

Körpergewicht am 5. April 6,8 kg.

Am 6. April wird der in der Bauchhöhle zurückgebliebene Theil der Drüse exstirpirt. Operation beendet 10 Uhr Morgens. Nachmittags um 6 Uhr werden 40 ccm Harn entleert, welcher 1,2 Proc. Zucker enthält.

Am 7. April Morgens 30 ccm Harn mit 0,3 Proc. Zucker, Nachmittags 35 ccm Harn, welcher zuckerfrei ist.

Körpergewicht 6,4 kg.

Am 8. April 130 ccm Harn; kein Zucker.

Das Thier erhält 500 g Fleisch; darauf am folgenden Morgen im Harne 6,9 Proc. Zucker.

Den weiteren Verlauf ergiebt die Tabelle:

TABELLE XII.

Datum	Harnmenge in ccm	Spec. Gew.	Zucker		Stickstoff		D : N	Nahrung	Bemerkungen
			in %	in g	in %	in g			
9. April 8 Uhr Vm.	120	1057	6,9	—	2,85	—	2,42	500 g Fleisch	Die Wunde, welche in den ersten Tagen per primam geheilt zu sein schien, beginnt an den Stichkanälen zu eitern.
10. April	360	1053	6,1	22,0	2,75	9,90	2,22	= =	—
11. =	355	1060	7,7	27,3	2,85	10,12	2,70	= =	Körpergewicht 5,8 kg. Wunde granul. gut.
12. =	340	1059	7,6	24,4	2,57	8,73	2,72	300 g frisches Rinderpankreas	
13. =	490	1055	7,0	34,3	2,43	11,91	2,58	500 g frisches Rinderpankreas	Körpergew. 6,1 kg.
14. =	495	1046	6,1	30,0	2,24	11,1	2,72	500 g Fleisch	Am 13. April Vorm. 15,0 g Extr. fluid. Syzyg. Jambol.
15. =	600	1057	Polar. 7,7 Titr. 7,6	46,2	2,10	12,6	3,67	500 g Fleisch 50 g Topinamburmehl	—
16. = 8 Uhr Vm.	385	1056	5,9	21,7	3,27	12,4	1,50	500 g Fleisch	Körpergewicht 5,5 kg. Wunde vollständig geheilt.
16. April 5 Uhr Nm.	100	1057	7,8	23,2	2,48	9,07	3,14	300 g Fleisch	Vorm. 10 Uhr subcut. Injection eines frisch bereiteten Extractes aus dem Pankreas eines gesunden Hundes.
17. April 8 Uhr Vm.	180	1074	8,5		3,73		2,28	frisst nicht mehr	
18. April 8 Uhr Vm.	250	1046	5,0	12,5	2,43	6,07	2,06	frisst nichts	Das Thier ist krank. An der Injectionsstelle bildet sich ein Abscess.

Während der folgenden 10 Tage ist der Harn infolge meiner Abwesenheit nicht genauer untersucht worden. Der Hund erhielt während dieser Zeit reichlich gemischte Nahrung, soviel er nur fressen mochtc. Der Abscess, welcher am 19. April eröffnet wurde, heilte bald. Trotzdem magerte der Hund sehr erheblich ab und zeigte am 28. April nur noch ein Körpergewicht von 4,6 kg. In den nächsten Tagen verfiel er noch mehr und frass nicht mehr so gierig als vorher. Die Zuckerausscheidung nahm bald an Intensität ab. Das Nähere ist aus der Tabelle ersichtlich:

TABELLE XIII.

Datum	Harnmenge in ccm	Spec. Gew.	Zucker		Stickstoff		D : N	Nahrung	Bemerkungen
			in %	in g	in %	in g			
29. April 8 Uhr Vm.	200	1032	5,2	—	0,70	—	7,43	Gemischt	—
30. April	650	1043	7,0	45,5	1,87	12,16	3,74	500 g Fleisch	—
1. Mai	500	1048	5,6	28,0	2,38	11,90	2,34	″ ″	—
2. ″	180	1051	4,0	7,2	3,77	6,79	1,08	250 g Fleisch frisst nicht mehr	Das Thier wird sehr schwach.
3. ″	270	1039	2,2	5,9	2,93	7,91	0,75	500 g Fleisch	
4. ″	320	1035	2,3	7,4	2,89	9,25	0,79	″ ″	Körpergewicht 4,0 kg.
5. ″	520	1039	Titr. 5,5 Polar. + 2,3	22,4 D 6,2 L	1,68		8,74 2,56	{ 500 g Fleisch { 50 g Lävulose	
6. ″ 8 Uhr Vm. }	570	1037	Titr. 7,4 Polar. − 0,4	25,6 D 16,5 L	0,89		5,07 5,05	{ 250 g Fleisch { 100 g Lävulose	

Das Thier ist am 6. Mai sehr schwach und frisst nichts mehr. Bei einem Versuche, eine Laevuloselösung mittelst Schlundsonde einzugiessen, gelangt Flüssigkeit in die Trachea. Infolgedessen stirbt das Thier. Körpergewicht nach dem Tode 3,3 kg.

Noch während der letzten Athemzüge wird ein Stück von der Leber entnommen und auf Glykogen verarbeitet. Gefunden:

in 44 g Leber 1,717 g = 4,13 Proc. Glykogen.

Die ganze Leber wog 112 g; demnach in der ganzen Leber 4,63 g Glykogen;

in 70 g Muskeln 0,091 g = 0,13 Proc. Glykogen.

In der Harnblase finden sich noch circa 15 ccm Harn, welche bei der Titrage einen Zuckergehalt von 2,1 Proc. ergeben, im Polarisationsapparat eine Rechtsdrehung entsprechend 0,5 Proc.

Das subcutane Drüsenstück erwies sich als gänzlich atrophirt. Es wog im Ganzen nur 1,5 g und zeigte auf dem Durchschnitt ein schwammiges Aussehen, da es im Wesentlichen nur aus erweiterten Ausführungsgängen bestand, welche in eine bindegewebige Masse eingelagert waren. Bei sorgfältiger Durchmusterung der mikroskopischen Präparate findet man ganz vereinzelt einige kleine Drüsenläppchen, deren Zellen aber auffallend klein erscheinen.

Die vorstehend mitgetheilten Versuche genügen, um die Rolle der Bauchspeicheldrüse bei dem Zustandekommen des Diabetes zu veranschaulichen. Ich unterlasse daher die ausführliche Beschreibung der übrigen in gleicher Weise ausgeführten Versuche, welche lediglich analoge Resultate ergeben haben. —

VI. Bildet die Function, deren Störung die Ursache des Diabetes ist, eine specifische Eigenschaft der Bauchspeicheldrüse?

Nach den Ergebnissen der zuletzt mitgetheilten Versuche kann es einem Zweifel nicht mehr unterliegen, dass das Zustandekommen des Diabetes nach der Exstirpation der Bauchspeicheldrüse d i r e c t auf den Ausfall einer besonderen Function dieser Drüse zu beziehen ist.

Eine weitere Frage aber, deren Beantwortung sowohl für die Pathologie des Diabetes, wie für die Lehre von den normalen Umsetzungen der Kohlenhydrate von grosser Bedeutung sein muss, ist folgende: Bildet die hier in Betracht kommende Function des Pankreas eine s p e c i f i s c h e   E i g e n s c h a f t dieses Organes, oder kommt diese Eigenschaft in gleicher Weise auch anderen Organen zu?

v. M e r i n g und i c h haben bereits diese Frage kurz berührt. Wir hatten sie aber mit der anderen identificirt: Ist der Verbrauch des Zuckers im Organismus nach der Pankreasexstirpation nur beeinträchtigt oder vollständig aufgehoben? Der Weg, auf welchem hier eine Entscheidung herbeigeführt werden konnte, schien uns auch ohne Weiteres gegeben: „War die fragliche Function des Pankreas von keinem anderen Organe zu ersetzen, dann musste der in der Nahrung eingeführte, eventuell auch der im Organismus gebildete Zucker v o l l - s t ä n d i g im Harne zur Ausscheidung gelangen. Es mussten ferner alle diejenigen Momente, welche, abgesehen von der Nahrungszufuhr, die Intensität der Zuckerausscheidung bei Diabetischen zu beeinflussen vermögen, auf die Menge des nach der Pankreasexstirpation ausgeschiedenen Zuckers ohne jeden Einfluss bleiben, da von vornherein angenommen werden muss, dass eine beeinträchtigte Function allenfalls irgend welchen Einflüssen unterliegen kann, nicht aber eine vollkommen aufgehobene."

Streng genommen decken sich die beiden hier aufgeworfenen Fragen nicht vollkommen: Wenn es sich nachweisen lässt, dass nach Ausschaltung des Pankreas ein Zuckerverbrauch im Organismus überhaupt nicht mehr stattfindet, dann muss allerdings die Function des Pankreas als eine specifische angesehen werden. Das Zustandekommen eines Zuckerverbrauchs nach der Pankreasexstirpation beweist aber nichts gegen die Annahme einer specifischen Function dieses Organes.

Denn es wäre denkbar, dass der Zuckerverbrauch im normalen Organismus nicht in einheitlicher Weise von Statten geht, dass die Hauptmasse des Zuckers zwar nur unter Mitwirkung des Pankreas zur Umsetzung gelangt, dass aber ausserdem noch eine gewisse Menge von Zucker auf anderem Wege verbraucht wird.[1]) Dann brauchte nach Ausschaltung der Bauchspeicheldrüse der Zucker nicht vollständig im Harn ausgeschieden zu werden und dennoch könnte die fragliche Function des Pankreas eine specifische sein in dem Sinne, dass kein anderes Organ im Stande wäre, dieselbe zu ersetzen, so dass genau diejenige Zuckermenge nach der Pankreasexstirpation im Harn erscheinen müsste, welche im normalen Organismus nur unter Mitwirkung des Pankreas zersetzt werden kann.

Gegen die Annahme, dass ausserhalb der Bauchspeicheldrüse Elemente vorhanden sind, welche in gleicher Weise wie diese den Zuckerverbrauch vermitteln können, scheint Folgendes zu sprechen: Während ein verhältnissmässig kleines Stück der Bauchspeicheldrüse, selbst ein verlagerter und an abnormer Stelle eingeheilter Theil derselben die Function dieses Organes bei dem Zuckerverbrauch mitunter noch in vollem Umfange zu erfüllen vermag, kann nach vollständiger Entfernung der Drüse sogar die gesammte Menge des in der Nahrung eingeführten Traubenzuckers im Harn wiedergefunden werden. Während ferner bei den leichten Formen des Diabetes, wie sie nach partieller Pankreasexstirpation zu Stande kommen können, die Unzulänglichkeit der noch functionirenden Elemente erst dann hervortritt, wenn grössere Anforderungen an die Leistungen derselben gestellt werden, ist nach der Totalexstirpation der relative Werth der Zuckerausscheidung vollkommen unabhängig von der absoluten Grösse des Zuckerumsatzes, und das Verhältniss der ausgeschiedenen Zucker- und Stickstoffmengen im Hungerzustande wie bei reichlicher Fleischnahrung auffallend constant. Wären ausserhalb des Pankreas diesem gleichwerthige Organe vorhanden, dann müsste man erwarten, dass zwischen der vollständigen und unvollständigen Entfernung der Drüse nur ein gradueller und nicht ein solcher principieller Unterschied sich bemerkbar machte.

---

1) Analogien für ein solches Verhalten finden sich mehrfach im thierischen Stoffwechsel. Ich erinnere nur an die Harnsäurebildung bei den Vögeln: Die Hauptmasse der Harnsäure entsteht hier synthetisch aus Ammoniak unter Mitwirkung der Leber und wird nach der Leberexstirpation nicht mehr im Harn ausgeschieden. Ein kleiner Theil der Harnsäure aber, welcher auf anderem Wege — aus den Xanthinkörpern — zu entstehen scheint, kann auch nach vollständiger Ausschaltung der Leber noch im Organismus gebildet werden und in den Harn übergehen.

Die Möglichkeit, dass ausserhalb des Pankreas noch ein Verbrauch von Zucker in einer anderen Weise stattfindet, in einer Weise, bei welcher auch in der Norm eine Mitwirkung des Pankreas nicht in Betracht kommt, ist allerdings nicht ohne Weiteres auszuschliessen. Der Beweis, dass von dem mit der Nahrung eingeführten Zucker nach vollständiger Pankreasexstirpation nichts mehr im Organismus zersetzt wird, hat nicht mit wünschenswerther Sicherheit geführt werden können. Vor Allem aber ist es nicht ausgeschlossen, dass von den aus den Eiweisssubstanzen im Organismus gebildeten Zuckermengen auch auf der Höhe des Pankreasdiabetes nur ein Bruchtheil in den Harn übergeht, und dass ein anderer Bruchtheil derselben — welcher vielleicht auch in anderer Weise oder an anderer Stelle entsteht — ohne Mitwirkung des Pankreas noch zersetzt werden kann. Denn die Zuckermenge, welche nach der Pankreasexstirpation bei reiner Fleischnahrung im Harn erscheint, stellt keineswegs das Maximum desjenigen Zuckerquantums dar, dessen Entstehung aus zersetztem Eiweiss überhaupt denkbar ist. Setzt man voraus, dass der gesammte Kohlenstoff der Eiweisssubstanzen, nur nach Abzug derjenigen Menge, welche als Harnstoff ausgeschieden wird, bei der Zuckerbildung Verwendung findet, so könnten aus 100 g Eiweiss ungefähr 113 g Traubenzucker entstehen. Einem Theile Stickstoff würden alsdann 6—7 Theile Zucker entsprechen, d. h. mehr als das Doppelte der Menge, welche bei den schwersten Formen des Pankreasdiabetes zur Ausscheidung gelangt.

In der That haben v. Mering[1]) und ebenso auch Moritz und Prausnitz[2]) bei ihren Versuchen über den Phloridzindiabetes, nach reiner Eiweisskost, sowie im Hungerzustande, das Auftreten von Zuckermengen im Harn beobachtet, welche diesen theoretisch denkbaren Zahlen sehr nahe kamen und demnach erheblich grösser waren, als die Zuckermengen, welche nach der Pankreasexstirpation unter gleichen Ernährungsverhältnissen ausgeschieden wurden.

Es war daher vor Allem von grossem Interesse, zu erfahren, ob es möglich wäre, bei Hunden, welche nach der Exstirpation des Pankreas bereits diabetisch geworden waren, durch Einverleibung von Phloridzin noch eine weitere Steigerung der Zuckerausscheidung zu erzielen.

Ich habe nun die Wirkung des Phloridzin in drei Versuchen geprüft, welche schon früher erwähnt sind. Bei zweien derselben (Vers. 9, S. 25 und Vers. 14, S. 41) handelte es sich um Thiere, bei welchen bereits ein sehr erheblicher Kräfteverfall bestand, und der

---

1) Zeitschr. f. klin. Med. Bd. XIV. 1888 und Bd. XVI. 1889.
2) Studien über d. Phloridzindiabetes. Zeitschr. f. Biol. XXVII. (N. F. IX) S. 81.

Zuckergehalt im Harn schon in der Abnahme begriffen war. In dem
dritten Falle (Vers. 16, S. 44) war der Kräftezustand des Thieres,
als die Phloridzininjection gemacht wurde, bereits ebenfalls beeinträchtigt, doch stand der Diabetes zu dieser Zeit sicher noch auf der
Höhe seiner Intensität. In allen 3 Fällen stellte sich am Tage nach
der Phloridzininjection ein schwerer Collapszustand ein, welcher in
kurzer Zeit zum Tode der Thiere führte.

Der besseren Uebersichtlichkeit halber stelle ich hier die Resultate der betreffenden Versuche noch einmal zusammen:

TABELLE XIV.

Vers.-Nr.	Datum	Harnmenge in ccm	Spec. Gew.	Zucker in %	in g	Stickstoff in %	in g	D:N	Nahrung	Bemerkungen
9	11.—12. Aug.	350	1009	0,5	1,7	0,48	1,68	1,04	Hunger	—
	12. =	210	1022	4,0	} 13,7	0,37	} 2,24	10,80	=	10 Uhr Vm. 1,0 g Phloridzin subc.
	6 Uhr Nachm.									
	13. Aug.	130	1037	4,1		1,12		3,66	=	4 Uhr Nm. 0,5 g Phloridzin subc.
	7 Uhr Vorm.									
	1 Uhr Nachm.	90	1037	4,3	3,9	1,07	0,96	4,0	—	10 Uhr Vm. 1,0 g
	6 Uhr Nachm.	35	1032	3,5	1,2	1,17	0,41	3,0	—	Phloridzin subc.
14	12.—13. Dec.	855	1052	5,7	48,7	3,08	26,33	1,85	1000 g Fleisch	—
	13.—14. =	780	1050	5,3	41,3	2,85	22,23	1,53	1000 g Fleisch	—
	14.—15. =	940	1059	8,5	79,9	2,39	22,37	3,57	1000 g Fleisch	1,5 g Phloridzin subc.
	15.—16. =	270	1064	8,5	22,9	2,90	7,83	2,93	500 g Fleisch	—
	16. = Abends	150	1057	6,2	9,3	2,65	4,27	2,18	0	—
	In der Harnblase	85	1054	5,4	—	2,71	—	2,00	—	—
16	13.—14. Aug.	1190	1042	5,8	69,0	2,05	24,44	2,96	750 g Fleisch	—
	14. =	300	1040	5,6	} 79,3	1,98	} 22,23	2,83	750 g Fleisch	11 Uhr Vm. 1,0 g Phloridzin subc.
	11 Uhr Vorm.									
	8 Uhr Nachm.	600	1036	6,5		1,15		5,65		
	15. August	480	1036	4,9		1,54		3,17		
	8 Uhr Vorm.									
	11 Uhr Vorm.	85	1032	3,3	} 10,1	1,73	} 5,21	1,91	200 g Fleisch	
	8 Uhr Nachm.	180	1030	2,8		1,77		1,58		
	16. August	190	1025	1,2		1,87		0,65		
	8 Uhr Vorm.									

In allen diesen Fällen trat unzweifelhaft nach der Phloridzininjection eine Steigerung der Zuckerausscheidung
zu Tage.

Doch ist diese Zunahme des Zuckergehalts im Harn nicht leicht
zu deuten. Auf einen gesteigerten Eiweissumsatz kann dieselbe nicht

zurückgeführt werden. Von einem solchen kann höchstens in Versuch 9 die Rede sein. Aber in diesem, wie in den anderen Versuchen war nicht nur die absolute Menge des ausgeschiedenen Zuckers erhöht, sondern auch das Verhältniss der ausgeschiedenen Zuckermenge zu dem Stickstoff erheblich grösser als dasjenige, welches sonst auf der Höhe des Diabetes nach der Pankreasexstirpation beobachtet zu werden pflegt. Dieses könnte zunächst dafür zu sprechen scheinen, dass ein Theil des aus Eiweiss gebildeten Zuckers nach der Pankreasexstirpation noch im Organismus zersetzt wurde, und dass erst unter dem Einflusse des Phloridzin ein Uebertritt desselben in den Harn zu Stande kam.

Indessen kommen bei der Phloridzinwirkung, wie wir später (S. 64 ff.) noch sehen werden, noch andere Momente in Betracht, welche nur so zu deuten sind, dass das Phloridzin gewissermaassen eine Ausschwemmung des Zuckers aus dem Organismus bewirkt. Es darf daher die bei Fleischnahrung, wie im Hungerzustande, nach Eingabe von Phloridzin innerhalb eines bestimmten Zeitraumes im Harn erscheinende Zuckermenge nicht ausschliesslich auf die Eiweisssubstanzen zurückgeführt werden, welche den in dem gleichen Zeiträume ausgeschiedenen Harnstoff geliefert haben. Dieses geht unzweifelhaft aus einzelnen Versuchen von Moritz und Prausnitz hervor, bei welchen die im Hungerzustande beim Phloridzindiabetes ausgeschiedene Zuckermenge im Verhältniss zu der Stickstoffmenge sogar das theoretisch denkbare Maximum überschritten hat. Damit im Einklange zeigte es sich auch bei anderen Versuchen derselben Autoren, dass nach wiederholter Verabfolgung gleich grosser Phloridzindosen die Zuckerausscheidung stets erheblich geringer war, als nach der ersten Dosis.

Ebenso ist es auch in unseren Beobachtungen bemerkenswerth, dass in Versuch 9 die Zunahme des Zuckergehalts im Harne sehr viel rascher zu Stande kam, als die Erhöhung des Stickstoffgehalts, infolge wovon das Verhältniss des Zuckers zum Stickstoff in der ersten Harnportion sehr viel grösser war, als in den folgenden. Auch hier überstieg dieses Verhältniss (1 : 10,8), trotzdem das Thier bereits mehrere Tage gehungert hatte, diejenige Zahl, welche dem theoretisch denkbaren Maximum der Zuckerbildung aus Eiweiss entspricht. Ferner konnte auch hier durch erneute Phloridzininjection eine gleich grosse Steigerung der Zuckerausscheidung nicht mehr erzielt werden. In den beiden anderen Versuchen war der gesteigerten Zuckerausscheidung ein sehr auffallendes und rasches Sinken derselben gefolgt.

Unter diesen Umständen sind die Beobachtungen mit dem Phlo-

ridziudiabetes einstweilen noch nicht geeignet, uns über den Umfang
der Zuckerproduction aus Eiweiss Aufschluss zu geben. Und da es
von Hause aus durchaus nicht sehr wahrscheinlich ist, dass der gesammte Kohlenstoff der Eiweisssubstanzen in Zucker umgewandelt
wird, so wäre es immerhin auch möglich, dass die beim Pankreasdiabetes beobachtete Zuckerausscheidung der thatsächlichen Zuckerproduction entspräche.

Auf diesem Wege war es demnach bis jetzt nicht möglich, mit
Sicherheit zu entscheiden, ob ohne Mitwirkung des Pankreas ein
Zuckerverbrauch im Organismus noch stattfinden kann. Aus den ver-
schiedenen hier angeführten Gründen war es aber immerhin in hohem
Grade wahrscheinlich, dass die hier in Betracht kommende
Function des Pankreas diesem Organe eigenthümlich ist und keinem
anderen Organe in gleicher Weise zukommt.

Um so auffälliger erschien nun eine Mittheilung, welche de Renzi
und Reale[1]) auf dem X. internationalen medicinischen Congresse
vorgetragen haben. Die genannten Autoren wollten die Beobachtung gemacht haben, dass in gleicher Weise wie nach der Pankreasexstirpation auch nach der Entfernung der Speicheldrüsen
oder nach Abtragung des Duodenum ein Diabetes nellitus zu Stande
komme.

Allerdings geht aus den eigenen Angaben dieser Autoren hervor,
dass die Intensität der Zuckerausscheidung nach diesen letzteren
Eingriffen auch nicht annähernd diejenigen Grade erreichte, wie
sie nach der Pankreasexstirpation regelmässig zu beobachten sind.
Immerhin war das Auftreten eines Diabetes insbesondere nach Exstirpation der Speicheldrüsen um so mehr bemerkenswerth, als die
Aehnlichkeit in dem anatomischen Bau und die gemeinsamen diastatischen Wirkungen der Secrete von Hause aus auf Analogien in den
Functionen der Speicheldrüsen und des Pankreas hinzudeuten schienen.

Ich hielt es daher zunächst für nothwendig, die Versuche mit
Exstirpation der Speicheldrüsen zu wiederholen.

Die Exstirpation der Speicheldrüsen beim Hunde wurde zuerst
im Jahre 1842 von Budge[2]) ausgeführt, in der Absicht, die Reaction des Secretes der Mundhöhlenschleimhaut zu prüfen. Budge
hatte es indessen bei seinen Versuchen unterlassen, die Infraorbitaldrüsen zu entfernen, welche beim Hunde nur wenig kleiner als die

---

1) Verhandlungen des X. internat. medic. Congresses zu Berlin 1890. Bd. II.
Abth. V. S. 97.
2) Exstirpation der Speicheldrüsen bei Thieren. Berliner medic. Zeitschrift
1842. S. 92.

Submaxillardrüsen sind. Im Jahre 1862 hat dann Fehr[1]) im Laboratorium von Eckhard die Exstirpation sämmtlicher 8 Speicheldrüsen bei Hunden ausgeführt, hat aber bei diesen Thieren infolge
dieses Eingriffes keine weiteren Anomalien beobachtet, als dass dieselben etwas mehr Wasser aufnahmen, „wahrscheinlich um das
Kauen und Schlingen der Speisen zu erleichtern". Fehr giebt auch
ausdrücklich an, dass die Prüfungen des Harns auf Zucker
und andere abnormen Bestandtheile negative Resultate ergeben hatten.

Die Technik der Operation ist von Fehr ausführlich beschrieben.
Die Ausführung derselben ist zwar mit keinen besonderen Schwierigkeiten verbunden, aber sehr mühsam und zeitraubend. Ich habe
daher nur ein einziges Mal sämmtliche 8 Drüsen in einer Sitzung
exstirpirt, in den übrigen Fällen durch wiederholte Operationen,
welche zum Theil in längeren Intervallen ausgeführt wurden.

Ich gebe im Folgenden eine kurze Beschreibung der 5 von mir
ausgeführten Versuche:

Versuch 20. Einem Hunde von 8 kg Gewicht werden am 10. October sämmtliche 8 Speicheldrüsen exstirpirt. Operation dauert
4 Stunden.

11. October. Der Urin enthält minimale Spuren von Zucker
(keine deutliche Trommer'sche Probe, mit Phenylhydrazin spärliche, nur
mikroskopisch nachweisbare Krystalle; quantitativ nicht bestimmbar).

Vom folgenden Tage ab bleibt der Harn dauernd zuckerfrei. —

Versuch 21. Einem kleinen Hunde von 6 kg Gewicht werden
am 29. October 1890 Vorm. die Parotiden, Submaxillares und
Sublinguales auf beiden Seiten exstirpirt. Die Operation dauert
fast 3 Stunden.

Am 30. October Morgens werden 150 ccm Urin entleert, welcher
deutliche Zuckerreaction giebt. Die Titrirung ergiebt 1,0 Proc. Zucker
(Gährungs- und Phenylhydrazin-Probe positiv).

Am folgenden Morgen ist der Urin zuckerfrei.

Die Wunden heilen zum Theil unter Eiterung. Das Thier bleibt
munter und frisst reichlich.

Der Urin bleibt dauernd zuckerfrei.

Am 14. Februar 1891 werden beide Infraorbitales exstirpirt.

Am 15. Februar Morgens circa 50 ccm Harn mit 1,4 Proc. Zucker.

Nachmittags ist der Harn zuckerfrei.

In den nächsten Tagen frisst der Hund wenig, weil ihm das Kauen
offenbar schmerzhaft ist. Später ist er ganz munter, und trotz reichlicher
Fütterung mit Kohlehydraten tritt nicht wieder Zucker im
Harne auf. —

---

1) Ueber die Exstirpation sämmtlicher Speicheldrüsen beim Hunde. Inaug.-
Dissert. Giessen 1862.

Versuch 22. Einem Hunde von 5,8 kg Gewicht werden am 15. October Vorm. beide Submaxillares und Sublinguales exstirpirt.
16. October Morgens 130 ccm Harn mit 0,5 Procent Zucker.
17. October kein Zucker mehr nachweisbar.
Der Hund erhält Fleisch; Urin bleibt zuckerfrei.
18. October. Das Thier erhält 100 g Brod; Urin zuckerfrei.
27. October. Die rechte Parotis exstirpirt.
Abends Urin zuckerfrei.
15. November. Die linke Parotis exstirpirt.
17. Januar 1891. Beide Infraorbitales werden entfernt.

Es tritt weder unmittelbar nach der Operation, noch in der folgenden Zeit Zucker im Harne auf, trotzdem der Hund ganz munter bleibt und reichlich frisst. —

Versuch 23. Einem grossen Jagdhunde von 25 kg Gewicht werden am 28. November 1890 beide Submaxillares, beide Sublinguales und die rechte Parotis exstirpirt.
Nachmittags wird Harn entleert, welcher keinen Zucker enthält.
Auch in der Folge bleibt der Harn zuckerfrei.
Am 28. Januar 1891 wird die linke Parotis exstirpirt. Urin bleibt zuckerfrei.
Am 4. Februar werden beide Infraorbitales entfernt. Urin bleibt dauernd zuckerfrei. —

Versuch 24. Einem kleinen Hunde von 5 kg Gewicht werden am 21. October die Parotis, Submaxillaris und Sublingualis nur auf der linken Seite exstirpirt.
Am 22. October Morgens 50 ccm Harn mit 3,1 Procent Zucker. (Gährungsprobe ergiebt ein positives Resultat, Schmelzpunkt des Phenylglykosazon bei 205⁰.)
Mittags 12 Uhr 100 ccm Harn mit 2,3 Proc. Zucker.
Am 23. October 120 ccm Harn mit 0,4 Proc. Zucker.
24. October Zucker im Urin nicht mehr nachweisbar, tritt auch später trotz reichlicher Kohlenhydratnahrung nicht mehr auf. —

Es war demnach thatsächlich zu wiederholten Malen nach der Exstirpation von Speicheldrüsen Zucker im Harn aufgetreten. Aber:

1. war diese Zuckerausscheidung sehr geringfügig. Nur ein einziges Mal stieg der Zuckergehalt des Harnes bis auf 3,1 Proc.; in den übrigen Fällen erreichte er kaum 1 Proc. Die Gesammtmenge des ausgeschiedenen Zuckers schwankte zwischen 0,65 und 4,33 g.

2. handelte es sich immer nur um vorübergehende Glykosurien. Nur in einem Falle dauerte die Zuckerausscheidung 2 Tage; sonst enthielten nur die ersten Harnportionen etwas Zucker, der am 2. Tage nach der Operation entleerte Harn war bereits zuckerfrei.

3. traten auch diese vorübergehenden Glykosurien nur inconstant auf. Während die stärkste Zuckerausscheidung in einem Falle beobachtet wurde, in welchem 3 Drüsen nur auf einer Seite entfernt

waren, kam gerade in dem einzigen Falle, in welchem sämmtliche
8 Drüsen in einer Sitzung exstirpirt wurden, eine nennenswerthe
Zuckerausscheidung überhaupt nicht zu Stande. In einem Falle trat
nach Exstirpation der beiden Infraorbitaldrüsen Zucker im Harn auf.
In zwei anderen Fällen blieb nach der gleichen Operation der Harn
zuckerfrei. Die Entfernung beider Submaxillar- und Sublingualdrüsen
hatte in einem Versuche eine Zuckerausscheidung zur Folge; in einem
anderen trat kein Zucker auf, obgleich ausser diesen vier Drüsen
auch noch die rechte Parotis exstirpirt worden war.

Mit einer besonderen Function der Speicheldrüsen
kann demnach diese Zuckerausscheidung unmöglich in
Zusammenhang gebracht werden. Es handelt sich offenbar
nur um eine jener vorübergehenden Glykosurien, wie sie bei Menschen
und Thieren nach den verschiedensten chirurgischen Eingriffen gelegentlich beobachtet werden, und welche in keiner Weise dem
dauernden und intensiven Diabetes an die Seite zu stellen sind, wie
er nach der Pankreasexstirpation zu Stande kommt. Die langdauernde
Narkose, die unvermeidliche Verletzung von zahlreichen Nervenästen
mag das verhältnissmässig häufige Vorkommen dieser Glykosurien
nach der Operation an den Speicheldrüsen erklären.

Besonders bemerkenswerth ist aber noch Folgendes:

Bei vier von den Hunden, welchen sämmtliche Speicheldrüsen
exstirpirt waren, wurde später auch noch das Pankreas entfernt.[1])
Alle diese Thiere wurden danach sofort diabetisch. Zwei von denselben starben nach 3 bez. 4 Tagen an Peritonitis; eines lebte noch
8 Tage und starb dann an einer Eiterung von der Bauchwunde aus;
das vierte (No. 22) überstand die Operation und starb erst nach 4
Wochen im höchsten Marasmus (das Körpergewicht war von 5,8 kg
bis auf 2,8 kg gesunken) infolge des Diabetes. An diesen Thieren
hat nun Herr Dr. Hess genauere Untersuchungen über die Verdauung und Resorption der Kohlenhydrate angestellt[2]) und zu diesem
Zwecke auch die Zucker- und Stickstoffausscheidung im Harn sorgfältig verfolgt.

Es zeigte sich dabei, dass die vorausgegangene Entfernung der Speicheldrüsen ohne jeglichen Einfluss auf
die Intensität des Diabetes geblieben war, und dass die

---

1) Das Organ zeigte übrigens bei allen diesen Thieren normales Aussehen
und normale Grössenverhältnisse, trotzdem in einem Falle die Entfernung des Pankreas erst 8 Monate nach der Speicheldrüsenexstirpation vorgenommen wurde.

2) N. Hess, Ein Beitrag zur Lehre von der, Verdauung und Resorption
der Kohlehydrate. Strassb. Inaug.-Dissert. Frankfurt a. M. 1892.

ausgeschiedenen Zuckermengen bei diesen Versuchen nicht grösser waren, als nach einfacher Exstirpation des Pankreas. Um dieses zu demonstriren, gebe ich hier eine auf den zuletzt erwähnten Versuch No. 22 bezügliche Tabelle wieder, welche nach den Analysen des Herrn Dr. Hess zusammengestellt ist:

TABELLE XV.

Datum	Harnmenge in ccm	Spec. Gew.	Zucker in %	in g	Stickstoff in %	in g	D:N	Nahrung	Bemerkungen
11. Februar 8 Uhr Nachm.	47	1036	0,9	—	—	—	—	—.	Pankreasexstirpation am 11. Februar 12 Uhr Vorm.
12. Februar 7 Uhr Vorm.	48	1043	5,3	—	—	—	—	—	
12.—13. Febr.	103	1062	5,5	5,7	2,94	3,03	1,9	—	—
13.—14. =	102	1064	7,2	7,3	2,29	2,33	3,1	{50 g Fleisch {24 g Amylum {(Kleister)	Im Koth viel Amylum.
14.—15. =	200	1059	8,0	16,0	2,34	4,68	3,4	220 g Fleisch	Körpergew. 5,3 kg.
15.—16. =	270	1057	7,5	19,4	2,27	6,13	3,3	160 g Fleisch	—
16.—17. =	225	1059	Pol.7,0¹) Titr.7,2	16,0	1,91	4,31	3,7	{160 g Fleisch { 10 g Lävulose	—
17.—18. =	180	1058	7,2	13,0	2,23	4,01	3,2	? Fleisch	
18.—19. =	130	1059	Pol. 7,3 Titr. 7,3	16,6	2,38	5,47	3,0	{150 g Fleisch { 30 g Inulin	Körpergew. 4,9 kg. ImKoth geringe, nicht bestimmbare Mengen, v. Inulin.
19.—20. =	395	1041	Pol. 6,7 Titr. 6,8	27,0	1,06	4,06	6,3	{150 g Fleisch {30 g Rohrzucker	
20.—21. =	170¹)	1056	Pol. 7,8 Titr. 7,5	13,3	2,39	4,07	3,3	{300 g Fleisch {+ 20 g Inulin	Körpergew. 4,50 kg. Im Koth nur Spuren von Inulin.
21.—22. =	395²)	1045	Pol. 8,5 Titr. 8,0	34,2	0,85	3,42	10,0	{300 g Fleisch {+ 30 g Maltose	Körpergew. 4,65 kg.
22.—23. =	250	1056	7,6	19,0	2,27	5,68	3,3	300 g Fleisch	Körpergew. 4,60 kg.
23.—24. =	200	1055	6,4	12,8	2,44	4,88	2,6	= =	
24.—25. =	250	1052	5,8	14,5	2,18	5,45	2,7	. =	Körpergew. 4,25 kg.
25.—26. =	260	1052	5,6	15,1	2,10	5,46	2,8	= =	—
26.—27. =	250	1055	6,4	16,0	2,38	5,95	2,7	= =	
27.—28. =	200	1055	6,2	12,4	2,10	4,20	2,9	= =	—
28.—1. März	400	1043	7,6	30,4	1,11	4,44	6,8	{300 g Fleisch + { 18 g Trauben- { zucker	—
1.—2. =	160	1062	8,7	13,9	2,24	3,58	3,9	300 g Fleisch	—
2.—3. -	450	1047	Pol. 8,1 Titr. 7,9	36,0	0,98	4,41	8,2	{300 g Fleisch + {30 g Rohrzucker	Körpergew. 4,15 kg.
3.—4. =	175	1060	8,7	15,2	2,38	4,17	3,7	{200 g Fleisch + {20 g Amylum (roh)	Im Koth viel Amylum.
4.—5. =	240	1056	7,4	17,8	2,10	5,04	3,5	300 g Fleisch	—
5.—6. =	300	1048	7,0	21,0	1,69	5,07	4,1	{300 Fleisch + {24,3g Amylum(roh)	Im Koth 19,8 g Any-lum.

1) Diese Zahl fehlt in der Tabelle des Herrn Hess, findet sich aber in meinen Notizen.
2) Kleiner Verlust beim Aufsammeln des Harns.

Datum	Harnmenge in ccm	Spec. Gew.	Zucker in %	Zucker in g	Stickstoff in %	Stickstoff in g	D:N	Nahrung	Bemerkungen
.—7. März	250	1045	6,8	17,0	1,86	4,66	3,7	300 g Fleisch	Körpergew. 3,6 kg.
.—8. =	170	1054	7,5	12,8	1,80	3,06	4,1	{ 300 g Fleisch + 15 g Maltose	—
—9. =	230	1049	6,3	14,5	1,90	4,37	3,3	300 g Fleisch	Das Thier wird sehr schwach. Körpergew. 3,0 kg.
ι.—10. =	270	1048	5,7	15,4	1,90	5,14	3,0	frisst wenig Fleisch	—
ι.—11. =	55	1038	3,0	1,7	1,69	0,93	1,2	frisst nichts	Am 11. März stirbt das Thier nach einer Blutentziehung. Gewicht nach dem Tode 2,8 kg.
ι der Blase ιch d. Tode	?	—	1,0	—	—	—	—	—	—

Das Verhältniss der Zucker- zur Stickstoffausscheidung war demnach bei reiner Fleischnahrung in diesem Versuche genau das gleiche, wie es in der Regel auf der Höhe des Diabetes nach einfacher Pankreasexstirpation beobachtet wurde.

Damit ist es wohl mit Sicherheit erwiesen, dass die Speicheldrüsen an der Function des Pankreas bei dem Verbrauche des Zuckers im Organismus nicht theilnehmen. — Was die Angaben von de Renzi und Reale über das Auftreten eines Diabetes nach der Resection des Duodenum betrifft, so hatte ich eine Nachprüfung derselben zunächst nicht für nöthig gehalten, weil aus den eigenen Angaben dieser Autoren hervorging, dass die Zuckerausscheidung, welche sie nach diesem Eingriffe beobachtet hatten, nur geringfügig war (2—4 g pro Tag), und weil die Operation am Duodenum ohne erhebliche Schädigung des Pankreas nicht gut ausführbar ist. Die Glykosurie konnte daher bei diesen Versuchen sehr wohl durch eine Beeinträchtigung der Pankreasfunction hervorgerufen sein, was nach den oben (S. 30) erwähnten Beobachtungen nicht weiter auffallend gewesen wäre.

Mittlerweile sind im Laboratorium der hiesigen medicinischen Klinik zu anderen Versuchszwecken von Herrn Dr. Weintraud Darmresectionen in grösserem Umfange ausgeführt worden. Die betreffenden Untersuchungen sollen anderweitig publicirt werden; ich erwähne hier nur, mit gütiger Erlaubniss des Herrn Dr. Weintraud, dass unter 8 Versuchen an Hunden und 10 Versuchen an Kaninchen, bei welchen der Dünndarm einschliesslich des Duodenum in mehr oder weniger grosser Ausdehnung (bis zur Länge von 3—4 Metern) exstirpirt wurde, nur viermal bei Hunden und zweimal bei Kanin-

chen ganz vorübergehend, unmittelbar nach der Operation, geringfügige, quantitativ kaum bestimmbare Zuckermengen im Harn nachweisbar waren. Auch nach reichlicher Fütterung mit Kohlenhydraten
fand sich bei den Thieren, welche die Operation überstanden hatten,
kein Zucker im Harn. Von einem Diabetes, wie er nach Exstirpation des Pankreas beobachtet wird, kann hier demnach überhaupt nicht die Rede sein. —

Einen dauernden Diabetes, welcher mit dem nach der Pankreasexstirpation auftretenden in Parallele zu stellen sei, wollte ferner
Falkenberg [1]) nach Exstirpation der Schilddrüse beobachtet
haben.

Die kurzen Angaben, welche Falkenberg in seinem Vortrage
auf dem X. Congresse für innere Medicin über die von ihm in Gemeinschaft mit Külz ausgeführten Untersuchungen gemacht hat,
gestatten nicht, über den Verlauf des Diabetes bei diesen Versuchen,
insbesondere über die Intensität der Zuckerausscheidung und ihre
Abhängigkeit von der Ernährung ein klares Bild zu gewinnen. So
viel scheint indessen aus diesen Angaben hervorzugehen, dass im
Grossen und Ganzen die ausgeschiedenen Zuckermengen sehr gering
waren: die grösste überhaupt beobachtete Zuckermenge betrug allerdings 8,1 g; wenige Tage später fanden sich aber bei dem betreffenden Thiere nur noch Spuren von Zucker. Ferner scheint nur aus-
nahmsweise eine ununterbrochene Zuckerausscheidung beobachtet zu
sein: in einem Falle während 3 Wochen, mit Ausnahme eines Tages;
in 2 anderen Fällen 8 Tage hindurch, bei den übrigen weniger constant. Bei 2 Hunden konnte nur in dem post mortem in der Blase
vorgefundenen Harn Zucker nachgewiesen werden. Bei 7 von 20
operirten Thieren trat überhaupt niemals eine Zuckerausscheidung auf.

Bei einem Hunde, welchem ich die Thyreoidea vollständig exstir-
pirt habe, und welcher darauf nach 14 Tagen unter dem bekannten
Symptomencomplexe zu Grunde ging, habe ich während dieser ganzen
Zeit kein einziges Mal Zucker im Harn nachweisen können.

Wie das Zustandekommen einer Zuckerausscheidung nach der
Exstirpation der Thyreoidea zu erklären ist, ist schwer zu entscheiden.
Darin stimme ich mit Falkenberg überein. Die schwere Ernährungsstörung, welche die Entfernung der Schilddrüse zur Folge
hat, kann zweifellos zu Functionsstörungen in den verschiedensten
Organen führen. So ist es z. B. bemerkenswerth, dass bei der Mehrzahl der von Falkenberg operirten Thiere neben der Zuckeraus-

---

1) Zur Exstirpation der Schilddrüse. Verhandlungen des X. Congresses für
innere Medicin. Wiesbaden 1891. S. 502.

scheidung auch eine mehr oder minder deutliche Albuminurie aufgetreten war. Es ist daher auch denkbar, dass bei der Entstehung der Glykosurie sehr mannigfaltige Störungen mitgewirkt hatten — vielleicht sogar auch Functionsstörungen des Pankreas.

Das Eine aber scheint mir aus den hier erwähnten, wie auch aus manchen anderen Angaben Falkenberg's mit Sicherheit hervorzugehen: eine besondere Function bei dem Verbrauch des Zuckers im Organismus kommt der Schilddrüse unzweifelhaft nicht zu, und mit dem nach der Exstirpation des Pankreas auftretenden Diabetes ist die von Falkenberg beobachtete Zuckerausscheidung nicht zu vergleichen. —

So ist es denn bis jetzt noch nicht gelungen, auf einem anderen Wege, als durch vollständige Exstirpation des Pankreas, regelmässig einen dauernden Diabetes hervorzurufen. Es spricht daher auch in dieser Richtung vorläufig nichts gegen die Annahme, dass die hier in Betracht kommende Function der Bauchspeicheldrüse eine specifische und diesem Organe allein eigenthümliche ist. —

VII. Kann eine Zuckerausscheidung im Harn auf anderem Wege entstehen, als durch Störung der Pankreasfunction?

Aus der Annahme, dass die Function des Pankreas, deren Ausfall das Auftreten des Diabetes zur Folge hat, eine specifische Eigenschaft dieses Organes bildet, folgt selbstverständlich nicht, dass eine Zuckerausscheidung im Harn nur allein durch Störungen dieser Function hervorgerufen werden kann, d. h. mit anderen Worten, dass jede Glykosurie auf Functionsstörungen des Pankreas zurückgeführt werden muss. Es ist im Gegentheil anzunehmen, dass auch noch mancherlei andere Ursachen das Auftreten von Zucker im Harn bewirken können.

So kann unzweifelhaft eine übermässige Zufuhr von Zucker in der Nahrung durch Ueberschwemmung des Organismus mit Zucker eine vorübergehende Zuckerausscheidung im Harn zur Folge haben.[1])

In gleicher Weise kann vielleicht eine rapide Umwandlung des Glykogenvorrathes in der Leber eine Ueberladung des Blutes mit

---

1) Siehe hierüber Bischoff u. Voit, Die Gesetze der Ernährung des Fleischfressers. 1860. S. 269. — Worm-Müller, Pflüger's Archiv f. d. ges. Physiologie. Bd. XXXIV. S. 576. 1884. — Hofmeister, Archiv f. exp. Path. u. Pharm. 1889. Bd. XXV. S. 240 und 1890. Bd. XXVI. S. 355. — Moritz, Ueber alimentäre Glykosurie. Verhandl. d. X. Congr. f. innere Med. Wiesbaden 1891. S. 492 ff.; Deutsches Archiv f. klin. Med. Bd. XLVI. S. 267. 1890.

Zucker und einen Uebergang des letzteren in den Harn bewirken. Auf diesem Wege mögen manche vorübergehende Glykosurien zu Stande kommen, welche durch die Einwirkung bestimmter Gifte (z. B. durch Strychnin) [1] hervorgerufen werden.

Ferner ist es auch denkbar, dass durch Störungen der Secretionsvorgänge in den Nieren ein Uebertritt von Zucker in den Harn bewirkt werden könnte, auch ohne dass eine Hemmung des Zuckerverbrauchs oder eine Steigerung der Zuckerbildung vorausgegangen wäre.

Diese letzte Möglichkeit musste insbesondere gegenüber dem Phloridzindiabetes in Betracht gezogen werden.

Es spricht zunächst mancherlei dafür, dass der Phloridzindiabetes nicht durch eine Einwirkung des Phloridzin auf das Pankreas hervorgerufen wird:

Zunächst die Thatsache, dass die Einverleibung von Phloridzin auch bei solchen Thieren eine Zuckerausscheidung zur Folge hat, bei welchen nach der Pankreasexstirpation ein Diabetes nicht auftritt, so z. B. bei den Vögeln, bei welchen v. Mering [2] und Thiel [3] nach Einverleibung von Phloridzin stets Zucker im Harn auftreten sahen.

Uebrigens beobachtete ich auch bei einer Ente, bei welcher ich 18 Tage vorher das Pankreas vollständig exstirpirt hatte, ohne dass das Thier diabetisch geworden wäre, nach subcutaner Injection von 1,0 Phloridzin eine Ausscheidung von 1,93 g Zucker im Harn.

Wichtiger noch aber war es, dass, wie oben (S. 54) erwähnt, auch bei Hunden, bei welchen die Pankreasexstirpation bereits einen Diabetes hervorgerufen hat, durch Einführung von Phloridzin noch eine weitere Steigerung des Zuckergehalts im Harn bewirkt werden kann.

Vor Allem aber spricht ein Umstand mit Bestimmtheit dafür, dass der Phloridzindiabetes in ganz anderer Weise zu Stande kommt, als der Diabetes nach der Pankreasexstirpation, das ist die Verschiedenheit in dem Zuckergehalte des Blutes bei diesen beiden Diabetesformen.

1) Siehe Gürtler, Der Strychnindiabetes. Inaug.-Diss. Königsberg 1886. — Langendorff, Untersuchungen über die Zuckerbildung in der Leber. Archiv f. Anat. u. Physiologie. 1886. Physiol. Abth. Suppl. Bd.
2) Verhandl. des VI. Congresses für innere Medicin. Wiesbaden 1887.
3) Beiträge zur Kenntniss der experimentellen Glykosurie. Inaug.-Dissert. Königsberg 1887. — Siehe Minkowski, Archiv f. exp. Path. u Pharm. Bd. XXIII. S. 142.

Nach der Pankreasexstirpation ist der Zuckergehalt des Blutes stets erhöht: in der Regel schwankt er zwischen 0,3—0,5 Proc., nach reichlicher Kohlenhydratfütterung kann er bis zu 0,8 Proc. und darüber steigen. Bei dem Phloridzindiabetes dagegen fand v. Mering — und ich kann seine Angaben nach eigenen Beobachtungen durchaus bestätigen — nicht nur keinen erhöhten, sondern sogar regelmässig einen abnorm niedrigen Zuckergehalt im Blute. [1]

Diese Beobachtung hatte bereits v. Mering daran denken lassen, dass das Phloridzin möglicher Weise durch eine Beeinflussung der Vorgänge in den Nieren die Zuckerausscheidung hervorrufe.

Um hierüber ins Klare zu kommen, stellte ich mir nun die Aufgabe, zu prüfen, wie sich der Zuckergehalt im Blute nach Ausschaltung der Nieren bei dem Phloridzindiabetes und bei dem Pankreasdiabetes verhielte. Ich habe zu diesem Zwecke 4 Versuche angestellt, über welche ich im Folgenden berichte:

Versuch 25. Einem Hunde von 16 kg Gewicht werden am 27. Juli um 10 Uhr Vorm. 1,5 g Phloridzin in 45 ccm Lösung subcutan injicirt; um 1 Uhr Nachm. nochmals 1,0 g in 30 ccm Lösung. Um 4 Uhr werden 100 ccm Blut aus der Carotis entnommen; dieselben enthalten

0,074 Proc. Zucker.

Der unmittelbar nachher entleerte Harn enthält 9,8 Proc. Zucker. Es werden jetzt beide Nieren exstirpirt und unmittelbar darauf abermals 1,0 Phloridzin subcutan injicirt.

Um 9½ Uhr Abends (also 5 Stunden nach der Nierenexstirpation) werden abermals 100 ccm Blut aus der Carotis entnommen; dieselben enthalten 0,079 Proc. Zucker.

Am 28. Juli Morgens 9 Uhr (17 Stunden nach der Nierenexstirpation) wird der Hund durch Verbluten getödtet. Das Blut enthält:

0,150 Proc. Zucker.

Versuch 26. Einem Hunde von 7 kg Gewicht werden am 11. August um 11 Uhr Vorm. nach reichlicher Fütterung 50 ccm Blut aus der Art. femoralis entzogen. Dieselben enthalten:

0,097 Proc. Zucker.

Darauf werden 0,5 g Phloridzin subcutan injicirt. Nach 5 Stunden enthält der Harn 6,1 Proc. Zucker, das Blut:

0,077 Proc. Zucker.

Nun werden beide Nieren exstirpirt und unmittelbar danach wieder 0,5 g Phloridzin injicirt. Nach weiteren 5 Stunden enthält das Blut

0,085 Proc. Zucker.

Am folgenden Morgen um 9 Uhr werden abermals 0,5 g Phloridzin injicirt.

---

[1] Auch bei der soeben erwähnten Ente betrug der Zuckergehalt des Blutes vor der Phloridzininjection 0,136 Proc., 2 Stunden nach der Injection nur 0,108 Proc.

Um 12 Uhr Mittags (also 20 Stunden nach der Nierenexstirpation) enthält das Blut:

0,100 Proc. Zucker.

Um 6 Uhr (26 Stunden nach der Nierenexstirpation)

0,101 Proc. Zucker.

Am 13. August um 12 Uhr Mittags (also 44 Stunden nach der Nierenexstirpation)

0,074 Proc. Zucker.

Abends ist das Thier todt.

Versuch 27. Einem 15 kg schweren Hunde wird am 12. August das Pankreas vollständig exstirpirt.

Am 13. August Morgens entleert der Hund

290 ccm Harn mit 3,8 Proc. Zucker.

Im Laufe des Tages erhält er 500 ccm Milch.

Vom 13.—14. August entleert er

585 ccm Harn mit 10,0 Proc. Zucker.

Am 14. August 10 Uhr Vorm. noch

210 ccm Harn mit 9,5 Proc. Zucker.

Um 11 Uhr werden beide Nieren exstirpirt.

Unmittelbar vor der Nierenexstirpation werden 50 ccm Blut aus der Art. femoralis entnommen. Dieselben enthalten:

0,327 Proc. Zucker.

Um 7 Uhr Abends (8 Stunden nach der Nierenexstirpation) enthält das Blut:

0,666 Proc. Zucker.

Im Laufe der folgenden Nacht stirbt der Hund.

Versuch 28. Einem Hunde von 8,1 kg Körpergewicht wird am 19. October das Pankreas vollständig exstirpirt.

Am 20. October entleert der Hund zuckerhaltigen Harn. Er erhält um 10 Uhr Vorm. 150 ccm Milch, welche er gierig säuft.

Bis 6 Uhr Abends werden entleert:

175 ccm Harn mit 7,7 Proc. Zucker.

Das Thier ist sehr munter und erhält um 7 Uhr Abends nochmals 150 ccm Milch.

Am 21. October Morgens 8 Uhr werden entleert:

165 ccm Harn mit 10,5 Proc. Zucker.

Im Laufe des Tages säuft der Hund 500 ccm Milch, wovon einmal eine kleine Menge erbrochen wird. An der Wunde hat sich ein Abscess gebildet, welcher eröffnet wird.

Bis zum 22. October Morgens 8 Uhr werden entleert:

385 ccm Harn mit 10,2 Proc. Zucker.

Das Thier ist munter und erhält im Laufe des Tages 500 g Pferdefleisch und 300 ccm Wasser; Erbrechen tritt nicht ein. Körpergewicht 7,2 kg.

Bis zum 23. October Morgens 8 Uhr

450 ccm Harn mit 6,6 Proc. Zucker.

Das Thier erhält am 23. October Morgens nur etwas Wasser und entleert um 12 Uhr

50 ccm Harn mit 5,1 Proc. Zucker.

Unmittelbar darauf werden beide Nieren exstirpirt, nachdem zuvor 2 Blutproben zu 25 ccm zur Zuckerbestimmung aus der Art. femoralis entnommen waren.

Das Thier bleibt bis zum Abend munter.

Um 7 Uhr Abends (7 Stunden nach der Nierenexstirpation) werden abermals 2 Blutproben zu 25 ccm zur Zuckerbestimmung entnommen.

Das Blut enthielt unmittelbar vor der Nierenexstirpation

0,282 Proc. Zucker.

7 Stunden nach der Nierenexstirpation

0,606 Proc. Zucker.

2 Stunden nach der letzten Blutentziehung stirbt der Hund.

Nach der Pankreasexstirpation war also der Zuckergehalt des Blutes, obwohl er bereits vor der Nierenexstirpation einen abnorm hohen Werth erreicht hatte, mit dem Aufhören der Harnsecretion noch weiter bis zu einem ganz ungewöhnlich hohen Grade gestiegen.

Im Gegensatz dazu hatte nach der Einführung des Phloridzin die Exstirpation der Nieren nur eine unbedeutende Erhöhung des Zuckergehalts zur Folge, welche über die Grenzen des normalen nicht hinausging. Eigentlich handelte es sich nur um eine Wiederausgleichung des verminderten Zuckergehalts, wie er vor der Nierenexstirpation unter dem Einflusse des Phloridzin bestanden hatte.[1])

Dieses Ergebniss ist wohl am einfachsten in folgender Weise zu deuten:

Nach der Pankreasexstirpation ist der Verbrauch des Zuckers im Organismus direct gestört. Infolgedessen muss sich nach Aufhören der Harnsecretion noch mehr Zucker im Organismus anhäufen. Das Phloridzin bewirkt einen Uebertritt von Zucker in den Harn, ohne den Zuckerverbrauch direct zu stören. Die Störung des Zuckerverbrauchs ist vielmehr nur eine Folge der primär in den Nieren sich abspielenden Vorgänge. Daher kommt es, dass der Phloridzindiabetes zunächst zu einer Verarmung des Blutes an Zucker führt. Fällt die Nierenfunction aus, so kann der Zuckergehalt des Blutes wieder normal werden, eine übermässige Anhäufung kommt aber nicht

---

1) Ganz analoge Resultate erhielt neuerdings S c h a b a d (Wratsch 1892 Nr. 49), welcher die hier beschriebenen Versuche mit der Modification wiederholt hat, dass er nicht die Nieren exstirpirte, sondern nur die Ureteren unterband. Nach diesem Eingriffe war bei dem Phloridzindiabetes der Zuckergehalt des Blutes unverändert geblieben, bei dem Pankreasdiabetes dagegen in einem Falle sogar von 0,21 Proc. bis auf 1,29 Proc. (also auf das 6fache!) gestiegen.

zu Stande, weil die Zersetzung des Zuckers nunmehr ungestört von Statten geht.

Wie man sich diese Wirkung des Phloridzin in den Nieren vorzustellen hat, darüber ist vorläufig nichts Bestimmtes zu sagen.[1]) Doch geht aus den hier mitgetheilten Beobachtungen das Eine unzweifelhaft hervor, dass der Phloridzindiabetes mit dem Pankreasdiabetes nichts Gemeinsames hat[2]), und dass somit eine Ausscheidung von Zucker im Harn auch auf anderem Wege zu Stande kommen kann, als durch Störungen der Pankreasfunction.

VIII. Verhalten verschiedener Kohlenhydrate im Organismus der diabetischen Thiere.

Um einen genaueren Einblick in das Wesen der Störungen zu gewinnen, welche dem Pankreasdiabetes zu Grunde liegen, schien es vor Allem nothwenig, über das Verhalten der verschiedenen Kohlenhydrate im Organismus der diabetischen Thiere Aufklärung zu erhalten.

Was zunächst die Polysaccharide des Traubenzuckers betrifft, so hatten bereits v. Mering und ich erwähnt, dass nach der Pankreasexstirpation gewöhnliches Amylum zum grossen Theile

1) Vielleicht könnte man folgender Annahme durch experimentelle Untersuchungen näher treten: Das Phloridzin ist ein Glukosid, welches bei der Spaltung neben Zucker Phloretin liefert. Auch diesem letzteren kommt, wie v. Mering gezeigt hat, die Eigenschaft zu, Glykosurie zu erzeugen. Vielleich handelt es sich nun darum, dass das Phloridzin in den Nieren (durch das Schmiedeberg'sche Histozym?) gespalten wird, und das frei werdende Phloretin sich im Organismus immer von Neuem mit Zucker paart, welcher in der Niere wieder abgespalten und sogleich ausgeschieden wird. — Doch verkenne ich nicht, dass gegen eine solche Annahme auch von vornherein schon Manches einzuwenden wäre.

2) Zu der gleichen Ansicht ist neuerdings auch Lépine gelangt. Wenn er indessen sagt (Lépine, Die Beziehungen des Diabetes zu Pankreaserkrankungen. Wiener med. Presse 1892. Nr. 32. Anm.): „Wir (Lépine et Barral, Comptes rendus 28 Dec. 1891) haben festgestellt, dass beim Phloridzindiabetes keine Verminderung des glykolytischen Fermentes besteht, und dass dieser Diabetes ausschliesslich durch eine Hyperproduction an Zucker bedingt ist. Minkowski hat, nach uns(?), dieselbe Ansicht ausgesprochen", so sehe ich mich genöthigt, zu betonen, dass meine Beobachtungen sich ebensowenig wie die aus denselben sich ergebenden Schlüsse mit denjenigen Lépine's decken. Eine „Hyperproduction von Zucker" als Ursache des Diabetes würde auch nicht mit der Verminderung des Zuckergehalts im Blute in Einklang zu bringen sein. Doch soll nicht in Abrede gestellt werden, dass möglicher Weise bei dem Phloridzindiabetes eine vermehrte Zuckerbildung als Folge des Zuckerverlustes in der That stattfindet. Dafür spricht wohl auch das Schwinden des Leberglykogens bei dem Phloridzindiabetes.

unverändert in den Faeces entleert wurde, und dass lösliches Amylum und Dextrin eine vermehrte Ausscheidung von Traubenzucker bewirkten, ohne dass andere Zuckerarten hierbei im Harn nachweisbar wären. Genauere quantitative Bestimmungen hatten wir damals noch nicht ausgeführt.

Seitdem hat zunächst A b e l m a n n[1]) beobachtet, dass bei Fütterung mit Brod nach vollständiger Pankreasexstirpation nur 30—40 Proc. des eingeführten Amylum in den Faeces wieder ausgeschieden wurden. Die nach Brodfütterung beobachtete Mehrausscheidung von Traubenzucker entsprach dabei aber nicht ganz der im Darmkanal verschwundenen Amylummenge. Dieses zeigte sich auch bei einzelnen von den hier erwähnten Versuchen:

So waren in Versuch 10 (Tab. IV S. 28) in den 300 g Brod, welche am 14. December eingegeben wurden, 151 g Amylum enthalten (Bestimmung nach S a c h s e). In den bis zum Wiederauftreten des Fleischkoths am 15. December Abends gesammelten Faeces wurden wiedergefunden: 64,8 g Amylum. Im Harne fanden sich am 14. und 15. December insgesammt 99,2 g Zucker und 12,22 g Stickstoff, demnach eine Mehrausscheidung von 60—65 g Traubenzucker (entsprechend 54—60 g Amylum) über die dem Stickstoffgehalt entsprechende Menge. Ungefähr 25—30 g Amylum waren also im Organismus verschwunden.

In ähnlicher Weise waren in Versuch 16 (Tabelle VIII, S. 44) von den am 10. und 11. August eingegebenen circa 120 g Amylum in den Faeces 26 g wiedergefunden. An den nächsten 3 Tagen wurden insgesammt 223,9 g Zucker und 60,45 g Stickstoff im Harne entleert. Mithin betrug die Mehrausscheidung an Traubenzucker circa 40—45 g. Es ergab sich also hier ein Deficit von circa 50—60 g Amylum.

Es darf indessen aus diesen Versuchen nicht ohne Weiteres gefolgert werden, dass ein Theil des aus dem Amylum entstandenen Traubenzuckers im Organismus in normaler Weise zum Verbrauch gelangt ist. Es ist vielmehr sehr wahrscheinlich, dass das im Darme verschwundene Amylum zum Theil überhaupt nicht als Traubenzucker resorbirt war, sondern durch Gährungsprocesse weitere Veränderungen erfahren hatte. Mussten wir schon bei der Verabfolgung des löslichen und leicht resorbirbaren Traubenzuckers diese Fehlerquelle gelten lassen, so kommt dieselbe jedenfalls hier noch sehr viel mehr in Betracht, wo der grösste Theil der verfütterten Amylaceen infolge des Fehlens des Pankreassaftes abnorm lange, selbst mehrere Tage lang im Darme lagerte und den ganzen Weg bis zum Rectum zurückzulegen hatte.

---

1) Ueber die Ausnutzung der Nahrungsstoffe nach Pankreasexstirpation. Inaug.-Diss. Dorpat. 1890.

Wichtig ist es jedenfalls, dass auch nach der Brodfütterung ausser Traubenzucker keine anderen Kohlenhydrate (wie z. B. Maltose oder Dextrin) im Harn nachweisbar waren. Auch nach Fütterung mit Maltose war in dem oben angeführten Versuche 22 (S. 60 Tab. XV) im Wesentlichen nur Traubenzucker im Harn zur Ausscheidung gelangt. Zwar ist nach der Eingabe von 30 g Maltose am 21.—22. Febr. eine geringe Differenz in der Zuckerbestimmung mittelst Polarisation und Titrage notirt worden, dieselbe war aber nur wenig grösser als an dem vorhergehenden Tage, und es gelang nicht, durch Behandlung des Harns mit Phenylhydrazin ein anderes Osazon darzustellen, als das Glykosazon. Auch wurde nach dem Kochen mit verdünnter Säure keine Zunahme der Reduction constatirt. Höchstens kann eine Spur von der eingegebenen Maltose direct in den Harn übergegangen sein, fast die gesammte Menge derselben war jedenfalls in Traubenzucker umgewandelt. Denn obgleich ein kleiner Verlust beim Auffangen des Harns zu Stande gekommen war, so fand sich doch an dem betreffenden Tage eine Mehrausscheidung von ca. 24 g und auch noch am folgenden Tage eine solche von 2—3 g Traubenzucker. [1]) Dieser Befund ist mit Rücksicht auf die bis jetzt vereinzelt gebliebene Beobachtung van Ackeren's [2]) über Maltosurie bei Erkrankung des Pankreas von einem gewissen Interesse; er erscheint übrigens um so mehr bemerkenswerth, als bei dem in Rede stehenden Versuche nicht nur das Pankreas, sondern auch sämmtliche Speicheldrüsen exstirpirt waren. —

Von grösserem Interesse noch war es, das Verhalten der linksdrehenden Kohlenhydrate nach der Pankreasexstirpation zu prüfen, insbesondere da für den menschlichen Diabetes bereits die Beobachtungen von Külz [3]) vorlagen, denen zufolge das Vermögen, den linksdrehenden Zucker zu zerstören, im diabetischen Organismus erhalten bleibt.

Bei Beginn meiner Untersuchungen standen mir nur geringe Mengen von linksdrehenden Kohlenhydraten zu Gebote, und zwar eine Laevulose in Syrupform, doch genügend rein, jedenfalls frei von anderen Zuckerarten, und ein reines weisses Inulin, beide Präparate von Merck in Darmstadt. — Später verfütterte ich in grösseren Mengen ein hierselbst von Dr. Kopp aus Tapinamburknollen bereitetes Inulinmehl, welches frei von Stärke und rechtsdrehenden Zuckerarten war, circa 12 Proc.

---

1) Bei der zweiten, wenige Tage vor dem Tode erfolgen Fütterung mit Maltose war offenbar eine genügende Resorption nicht mehr zu Stande gekommen.

2) Berliner klin. Wochenschr. 1889. Nr. 14.

3) Beiträge zur Pathologie und Therapie des Diabetes mellitus. Bd. I. S. 130 ff. Marburg 1874.

Wasser enthielt und nach dem Kochen mit verdünnter Schwefelsäure
82 Proc. Laevulose lieferte. — Im Laufe des letzten Sommers habe ich
dann noch einige Versuche in grösserem Maasstabe mit der von S c h e r i n g
in Berlin neuerdings in den Handel gebrachten reinen krystallinischen
Laevulose anstellen können.

Es zeigte sich zunächst sehr bald, dass von der eingegebenen
L a e v u l o s e höchstens ganz geringe Mengen in den ersten Harn-
portionen entleert wurden, dass aber der grösste Theil derselben im
Organismus verschwand:

V e r s u c h 29. Einem Hunde von 9 kg Gewicht, welcher am vierten
Tage nach der Totalexstirpation des Pankreas 8,2 Proc. Zucker im
Harne entleerte, wurden um 9 Uhr Morgens 1 5 g L a e v u l o s e in 200 ccm
Wasser eingegeben.

Um 12 Uhr entleert das Thier 140 ccm Harn. Die Zuckerbestimmung ergiebt:

bei der Titrirnng mit Fehling'scher Lösung 10,2 Proc.,
im Polarisationsapparat 9,5 Proc.

Hieraus ergiebt sich ein Gehalt von
9,9 Proc. Dextrose,
0,3 Proc. Laevulose.

Um 4 Uhr Nachm. werden 130 ccm Harn entleert, in welchem durch
Titrirung 9,1 Proc., im Polarisationsapparat 9,3 Proc. Zucker gefunden
werden, also
9,2 Proc. Dextrose,
0,1 Proc. Laevulose.

Von den eingegebenen 15 g Laevulose sind demnach nur etwa
0,5 g in den Harn übergegangen.

V e r s u c h 30. Ein Hund von 8,1 kg Gewicht entleert am zweiten
Tage nach der Totalexstirpation des Pankreas, bevor er irgend welche
Nahrung erhalten hat,
190 ccm Harn von spec. Gew. 1074 mit 3,59 Proc. Stickstoff.
Die Zuckerbestimmung ergiebt:
durch Titrage   10,0 Proc.,
im Polarisationsapparat 10,1 Proc.

Am dritten Tage werden von 7 Uhr Morgens bis 5 Uhr Nachm.
entleert:
65 ccm Harn von spec. Gew. 1078 mit 3,68 Proc. Stickstoff.
Hierin Zucker: durch Titrage   10,7 Proc.
im Polarisationsapparat 10,6 Proc.

Um 5 Uhr Nachm. erhält das Thier 1 5 g L a e v u l o s e in 150 ccm
Wasser. Danach bis 9 Uhr Abends:
65 ccm Harn von spec. Gew. 1056 mit 1,33 Proc. Stickstoff.
Die Zuckerbestimmung ergiebt:
bei der Titrirung   11,9 Proc. entsprechend 11,3 Proc. Dextrose,
im Polarisationsapparat 10,4 Proc.   „   0,6 Proc. Laevulose.

Bis zum folgenden Morgen 7 Uhr
55 ccm Harn von spec. Gew. 1060 mit 2,85 Proc. Stickstoff.
Hierin Zucker: durch Titrirung   7,3 Proc.,
     im Polarisationsapparat 7,3 Proc.
Alsdann bis Mittags 1 Uhr
35 ccm Harn von spec. Gew. 1060 mit 2,67 Proc. Stickstoff.
Hierin Zucker: durch Titrirung   7,7 Proc.,
     im Polarisationsapparat 7,6 Proc.

Auch in diesem Falle sind von den eingegebenen 15 g Laevulose
nur etwa 0,4 g und zwar auch nur in der ersten Harnportion wieder
erschienen. Bemerkenswerth aber ist es, dass in dieser Harnportion
der Herabsetzung des Stickstoffgehalts, wie sie durch die Verdünnung
des Harns bedingt war, durchaus nicht eine Verminderung des
Traubenzuckergehalts entsprochen hatte. In den 4 Stunden nach
Eingabe der Laevulose wurde noch etwas mehr Traubenzucker entleert, als in den vorausgegangenen 10 Stunden. Es hatte den An-
schein, als ob durch die Einführung der Laevulose eine Steigerung der Dextroseausscheidung hervorgerufen war.

In ähnlicher Weise war auch in Versuch 22 (Tabelle XV S. 60)
nach Eingabe von 10 g Laevulose am 16. Februar eine Mehrausscheidung von etwa 3—4 g Dextrose beobachtet worden, während von Laevulose höchstens Spuren übergegangen waren.

Indessen war bei diesen Versuchen die Zunahme der Traubenzuckerausscheidung zu klein, als dass man mit Sicherheit hätte entscheiden können, ob dieselbe auf die Einführung der Laevulose bezogen werden durfte.

Bestimmter war schon das Ergebniss der Versuche mit Fütterung
von Inulin. Zunächst war bei allen diesen Versuchen Laevulose
im Harn niemals nachweisbar. In einzelnen Versuchen kam alsdann
eine solche Steigerung der Traubenzuckerausscheidung zu Stande,
dass dieselbe durch nichts Anderes als durch die Zufuhr des Inulin
hervorgerufen sein konnte.

In dem zuletzt erwähnten Versuch 22 war allerdings die Steigerung
der Traubenzuckerausscheidung nach Verabfolgung von reinem Inulin in
Mengen von 20 bez. 30 g am 18. und 20. Februar im Vergleiche mit
den Zuckermengen nach reiner Fleischfütterung nur sehr gering und
in ihrer Bedeutung zweifelhaft.
In Versuch 19 (Tabelle XII, S. 49) kam aber nach Einführung von
50 g Topinamburmehl (entsprechend 37 g Laevulose) am 14.—15. April
bereits eine Mehrausscheidung von circa 11 g Traubenzucker
zu Stande. Da indessen am folgenden Tage zu wenig Traubenzucker
ausgeschieden wurde, und sich von diesem Tage ab überhaupt erhebliche

Schwankungen in der Zuckerausscheidung einstellten, so mag auch dieser Versuch noch nicht als vollkommen beweisend gelten.   .
Absolut eindeutig aber ist das Ergebniss in Versuch 14 (Tabelle VI, S. 41). Hier kam nach Eingabe von 60 g Topinamburmehl am 6. December und von 100 g am 7. December (zusammen entsprechend 118 g Laevulose) am 7.—8. December eine Mehrausscheidung von über 40 g Dextrose zu Stande.

Noch klarer waren die Ergebnisse, als grössere Mengen von reiner Laevulose zur Verfütterung gelangten. Danach ging zwar ein grösserer Bruchtheil der eingegebenen Laevulose unverändert in den Harn über, die Steigerung der Traubenzuckerausscheidung machte sich aber in einer Weise bemerkbar, die irgend einen Zweifel nicht mehr zuliess:

So z. B. hatte in Versuch 17 (Tab. X S. 47) der Hund am 10. August (dem zwölften Tage nach der Entfernung des Pankreasrestes) bei reiner Fleischfütterung 61,4 g Traubenzucker und 21,12 g Stickstoff ausgeschieden.
Nach Eingabe von 100 g Laevulose enthielt der Harn am 11. August 98,3 g Dextrose und 2,2 g Laevulose. Der ausgeschiedenen Stickstoffmenge von 15,12 g hätten circa 45 g Dextrose entsprochen. Somit war eine Mehrausscheidung von circa 53 g Traubenzucker erfolgt.
Am folgenden Tage entleerte der Hund nach Eingabe von 200 g Laevulose 105,6 g Dextrose und 15,6 g Laevulose. Da das Thier an diesem Tage kein Fleisch gefressen hatte, so war die Stickstoffausscheidung auf 7,8 g gesunken. Dieser hätte eine Traubenzuckermenge von circa 23 g entsprochen; somit hatte eine Mehrausscheidung von circa 82 g Traubenzucker stattgefunden.

Ein ähnliches Ergebniss hatte der folgende Versuch:

Versuch 31. Ein Hund von 7,2 kg Gewicht entleerte am dritten Tage nach der Totalexstirpation des Pankreas, bevor er irgend welche Nahrung erhalten hatte,
195 ccm Harn von spec. Gew. 1055 mit 12,7 g Zucker und 5,71 g Stickstoff.
Am nächsten Tage erhält das Thier um 7 Uhr Morgens 20 g Laevulose in 100 ccm Wasser mittelst Schlundsonde. Unmittelbar danach wurde ein grosser Theil der Flüssigkeit erbrochen, wobei der Harn verloren ging. Im Laufe des Tages werden dann noch 100 g Laevulose in 600 ccm Wasser verabfolgt, welche das Thier freiwillig säuft. Erbrechen und Diarrhoe treten nicht auf.
Bis zum folgenden Morgen entleert das Thier:
660 ccm Harn von spec. Gew. 1044 mit 0,83 Proc. Stickstoff.
Die Zuckerbestimmung ergiebt:

bei der Titrirung   9,6 Proc.,
im Polarisationsapparat 8,5 Proc.,

entsprechend einem Gehalt von

$$9,1 \text{ Proc.} = 60,1 \text{ g Dextrose,}$$
$$0,4 \text{ Proc.} = 2,6 \text{ g Laevulose.}$$

Der ausgeschiedenen Stickstoffmenge von 5,45 g entsprechend wären höchstens circa 15 g Traubenzucker zu erwarten gewesen. Mithin war eine Mehrausscheidung von mindestens 45 g Traubenzucker zu Stande gekommen.

Die in den beiden letzten Versuchen ausgeschiedenen Traubenzuckermengen sind so gross, dass es keinem Zweifel unterliegen kann, dass die eingegebene Laevulose im Organismus der diabetischen Thiere in Dextrose umgewandelt wurde. Denn das Verhältniss der ausgeschiedenen Traubenzuckermenge zu der Stickstoffmenge betrug hier 13,5 bez. 11,0 : 1, überstieg also bei Weitem dasjenige, welches bei alleiniger Zuckerbildung aus Eiweiss als das denkbar höchste hätte beobachtet werden können.

Sehr bemerkenswerth war übrigens das Verhalten der Zuckerausscheidung nach Laevulosefütterung in dem S. 50 beschriebenen Versuch 19 (Tabelle XIII). Während bei den übrigen hier erwähnten Versuchen der Diabetes zur Zeit der Laevulosezufuhr noch in voller Intensität bestand, war bei jenem Thiere die Zuckerausscheidung in der vierten Woche des Diabetes schon erheblich gesunken, so dass der Zuckergehalt des Harnes am 3. und 4. Mai bereits geringer war, als der Stickstoffgehalt desselben. Nach der Eingabe von Laevulose kam auch hier eine Steigerung der Traubenzuckerausscheidung zu Stande. Dieselbe war aber viel geringer als in den anderen Versuchen. Eine genaue Berechnung war zwar mit Rücksicht auf die vorher schon gesunkene Zuckerausscheidung nicht möglich, es wurden aber am 5. Mai nach Verabfolgung von 50 g Laevulose insgesammt nur 22,4 g Traubenzucker bei einer Stickstoffmenge von 8,74 g, und am 6. Mai nach Eingabe von 100 g Laevulose nur 25,6 g Traubenzucker bei einer Stickstoffmenge von 5,07 g ausgeschieden. Was aber besonders beachtenswerth war, ist, dass verhältnissmässig sehr viel grössere Mengen von Laevulose (6,2 bez. 16,5 g) unverändert in den Harn übergegangen waren. Die geringere Traubenzuckerausscheidung konnte also nicht etwa als eine Folge mangelhafter Resorption der Laevulose, oder gar einer besseren Verwerthung des Zuckers angesehen werden, vielmehr hatte offenbar der bereits sehr verfallene Organismus etwas von der Fähigkeit eingebüsst, die Laevulose in Dextrose überzuführen.

Es scheint mir diese Beobachtung sehr gut mit der S. 24 ausgesprochenen Ansicht in Einklang zu stehen.

Alles in Allem darf das Ergebniss dieser Versuche dahin zusammengefasst werden, dass:

die linksdrehenden Kohlenhydrate zum grossen Theile im Organismus verwerthet, zum Theil aber in Traubenzucker umgewandelt und als solcher im Harn ausgeschieden werden;

bei Verabfolgung von Laevulose in grösserer Menge ein Theil derselben infolge der Ueberschwemmung des Organismus unverändert in den Harn übergehen kann;

bei der Fütterung mit Inulin aber, vermuthlich infolge der langsameren Resorption und der allmählich stattfindenden Umwandlung in Laevulose, eine Ausscheidung von linksdrehendem Zucker im Harne nicht stattfindet. —

Nach Fütterung mit Rohrzucker war im Harne weder dieser, noch Laevulose nachweisbar: die Zuckerbestimmung durch Titriren und im Polarisationsapparate ergab gut übereinstimmende Zahlen, auch war eine Steigerung des Reductionsvermögens nach dem Kochen mit verdünnter Schwefelsäure nicht zu constatiren. Dagegen zeigte sich stets eine erhebliche Vermehrung der Traubenzuckerausscheidung, und zwar erschien etwas mehr als die Hälfte des eingegebenen Rohrzuckers in Form von Traubenzucker im Harne wieder. So wurden in Versuch 28 (Tabelle XV S. 60) nach Eingabe von 30 g Rohrzucker am 19. Februar eine Mehrausscheidung von circa 16 g, am 2. März eine solche von circa 24 g beobachtet. Vermuthlich handelte es sich darum, dass der Rohrzucker auch ohne Mitwirkung des Pankreas und der Speicheldrüsen invertirt wurde, und alsdann neben der hierbei entstandenen Dextrose auch ein mehr oder weniger grosser Theil der Laevulose als Traubenzucker in den Harn überging. —

Von grossem Interesse war ferner das Verhalten des Milchzuckers:

Während nach den Beobachtungen von Bischoff und Voit[1], Worm-Müller[2], Franz Hofmeister[3] und Graham Lusk[4] von dem in den Magen eingeführten Milchzucker bei gesunden Menschen und Thieren noch leichter als von anderen Zuckerarten geringe Mengen unverändert in den Harn übergehen können, haben Bourquelot und Troisier[5] die Angabe gemacht, dass sie bei einem Diabetiker nach Verabfolgung von 200 g Milchzucker nur Traubenzucker und keinen Milchzucker im Harne gefunden hätten. Neuerdings hat Fritz Voit[6] diese Angaben bestätigt, indem er fand, dass bei einem Diabetes schwererer

---

1) Die Gesetze der Ernährung des Fleischfressers. 1860.
2) Pflüger's Archiv f. d. ges. Physiol. 1884. Bd. XXXIV. S. 576.
3) Archiv f. exp. Path. u. Pharm. 1889. Bd. XXV. S. 240.
4) Siehe Carl Voit, Ueber die Glykogenbildung nach Aufnahme verschiedener Zuckerarten. Zeitschr. f. Biol. 1892. Bd. XXVIII. (N. F. X.) S. 281—285.
5) Compt. rendus de la soc. de Biolog. 1859. Tom. XLI. p. 142.
6) Ueber das Verhalten des Milchzuckers beim Diabetiker. Zeitschrift für Biologie. 1892. Bd. XXVIII.

76 MISKOWSKI

Form nach Eingabe von 100 g Milchzucker eine Mehrausscheidung von
49 g Traubenzucker und nach Verabfolgung von 150 g Milchzucker eine
solche von 114 g Traubenzucker zu Stande kam.

An verschiedenen Hunden, welche nach der Pankreasexstirpation
diabetisch geworden waren, habe ich nun beobachten können, dass
nach Fütterung mit Milch der Zuckergehalt im Harne im Verhältniss
zu der Stickstoffausscheidung zunahm. Es gelang mir aber nicht,
auf irgend einem Wege Milchzucker aus dem Harne darzustellen.
Neuerdings habe ich nun die Abwesenheit von Milchzucker im Harne,
sowohl nach Fütterung mit Milch, wie nach Einfuhr von reinem
Milchzucker nach dem von Abbott und Graham Lusk (s. Carl
Voit l. c.) angewandten Verfahren mit Sicherheit nachweisen können.
Durch die Güte des Herrn Dr. Fritz Voit erhielt ich eine Reincultur von Saccharomyces apiculatus, einem Hefepilz, welcher
den Traubenzucker vollständig vergährt, während er den Milchzucker
gar nicht angreift. Aus dem sterilisirten und mit dieser Reincultur
versetzten Harne war nach zweitägigem Stehen bei 20—25⁰ der
Zucker vollständig verschwunden. Es war demnach nach der
Einfuhr von Milchzucker im Harne nur Traubenzucker
nachweisbar.

Was die quantitativen Verhältnisse betrifft, so liess sich über
dieselben bei der Milchfütterung nicht leicht ein Urtheil gewinnen, da
hierbei eine Zersetzung des Zuckers durch Gährung im Darme offenbar besonders leicht stattfindet. In einem Falle (Vers. 17 S. 47
Tabelle X), in welchem 50 g reinen Milchzuckers eingegeben
wurden, kam in den nächsten 24 Stunden eine Mehrausscheidung
von circa 35 g Traubenzucker zu Stande. Auch an dem folgenden
Tage war die Zuckerausscheidung auffallend hoch, so dass vielleicht
noch eine weitere Mehrausscheidung von 5—10 g auf Rechnung des
eingegebenen Milchzuckers zu setzen war.

Da der Milchzucker bei der Spaltung gleiche Mengen Dextrose
und Galaktose liefert, so geht aus diesen Zahlen hervor, dass nicht
allein die von dem eingegebenen Milchzucker abgespaltene Dextrose,
sondern auch die Galaktose zu der Erhöhung des Zuckergehalts im
Harne beigetragen hat. Versuche mit reiner Galaktose habe ich bis
jetzt nicht angestellt. Doch hat Fritz Voit neuerdings[1]) bei einem
diabetischen Menschen nachweisen können, dass auch reine Galaktose
in gleichem Umfange wie der Milchzucker eine Zunahme des Traubenzuckers im Harne bewirkt.

1) Ueber das Verhalten der Galaktose beim Diabetiker. Zeitschrift für Biologie. Bd. XXIX. (N. F. XI). 1892. S. 147.

Fritz Voit hat die Ergebnisse seiner Untersuchungen dahin gedeutet, dass der leichter verbrennliche Milchzucker im diabetischen Organismus zuerst zersetzt werde, und dass infolgedessen nach der Einfuhr von Milchzucker eine grössere Menge von dem aus Eiweiss gebildeten Traubenzucker unverändert ausgeschieden werde. Die Menge des nach der Milchzuckerfütterung im Harne ausgeschiedenen Traubenzuckers überstieg nun allerdings auch in unserem Versuche nicht das theoretisch denkbare Maximum der Zuckerbildung aus Eiweiss. Immerhin war diese Menge so gross, dass ich die Voit'sche Annahme nicht für wahrscheinlich halte und vielmehr glauben möchte, dass ebenso wie die Laevulose (s. S. 74) auch der Milchzucker im diabetischen Organismus in Traubenzucker umgewandelt werde. Leider lässt sich ein sicherer Beweis hier nicht so leicht beibringen, da die Einführung noch grösserer Mengen von Milchzucker erhebliche Digestionsstörungen zur Folge hat. —

IX. Verhalten der Glykogenablagerung im Organismus der diabetischen Thiere.

v. Mering und ich hatten bereits in unserer ersten Mittheilung die Angabe gemacht, dass das Glykogen aus der Leber nach der Pankreasexstirpation frühzeitig bis auf Spuren schwinde. Seitdem ist diese Angabe von den meisten Autoren — insbesondere durch genauere Untersuchungen von Hédon[1]) — bestätigt worden.[2])

Dieses Schwinden des Leberglykogens ist um so mehr bemerkens- werth, als dasselbe zweifellos in besonderer Beziehung zu dem Auftreten des Diabetes steht und sicher nicht etwa eine Folge der nach der Pankreasexstirpation auftretenden Digestionsstörungen oder irgend welcher sonstigen Nebenumstände ist.

Bei der schwersten Form des Diabetes nach vollständiger Pankreasexstirpation findet man bereits nach wenigen Tagen höchstens nur noch Spuren von Glykogen in der Leber. Diese Spuren schwinden allerdings auch bei längerer Dauer des Diabetes nicht vollkommen. Dafür aber findet man auch nach reichlicher Fütterung der Thiere niemals mehr als diese Spuren.

---

1) Sur la pathogénie du diabète consécutif à l'exstirpation du pancréas Arch. de physiol. Avril 1892.
2) Nur de Dominicis (Münch. med. Wochenschr. 1891. Nr. 41—42) will häufig bei den diabetischen Thieren noch sehr erhebliche Glykogenmengen gefunden haben — ein Beweis mehr, dass er bei seinen Versuchen das Pankreas nicht immer vollständig entfernt hat.

Behufs Untersuchung der Leber auf Glykogen wurden die Thiere durch Verbluten getödtet, die Leber noch während der letzten Athemzüge entnommen, rasch gewogen und sofort in kochendes Wasser eingetragen. Die Verarbeitung geschah nach der von Külz[1]) modificirten Brücke'schen Methode. Dabei erhielt ich zunächst in der wässrigen Lösung keine Jodreaction und auch nach dem Zusatz des dreifachen Volumens Alkohol keine Trübung. Erst nach längerem Stehen der alkoholischen Lösung in der Kälte schied sich ein spärliches flockiges Sediment ab, welches, in wenig Wasser gelöst, deutliche Jodreaction gab und nach Einwirkung von Speichel Kupferoxyd in alkalischer Lösung reducirte.

Dass nicht etwa das Fehlen an Material für die Glykogenbildung die Ursache dieses Glykogenschwundes ist, geht bereits daraus hervor, dass der Zuckergehalt des Blutes bei den diabetischen Thieren ein abnorm hoher ist. Um indessen dem Einwande zu begegnen, dass doch vielleicht die gestörte Resorption der Kohlenhydrate aus der Nahrung hierbei in Betracht käme, und dass möglicher Weise der aus der Nahrung stammende Traubenzucker sich anders verhielte, als der im Organismus gebildete, habe ich in einem Falle (Versuch 7, S. 21) das Glykogen in der Leber eines diabetischen Hundes bestimmt, welcher im Laufe der beiden vorhergegangenen Tage 170 g Traubenzucker erhalten hatte. Es fanden sich in der 220 g schweren Leber nur 0,14 Proc. = 0,31 g Glykogen. — In einem anderen Falle (Versuch 33, S. 92) wurden einem 8,7 kg schweren diabetischen Hunde an zwei aufeinanderfolgenden Tagen je 15 g Traubenzucker subcutan injicirt. Die Glykogenbestimmung, welche 5 Stunden nach der letzten Injection ausgeführt wurde, ergab — bei einem Zuckergehalte von 0,80 Proc. im Blute — in der 315 g schweren Leber nur 0,06 Proc. = 0,19 g Glykogen. —

Im Gegensatze zu diesen Versuchen fanden sich bei Thieren, bei welchen Theile des Pankreas in der Bauchhöhle zurückgeblieben waren, und bei welchen die Intensität des Diabetes infolgedessen eine geringere war, noch ziemlich erhebliche Mengen von Glykogen in der Leber:

So enthielt die 925 g schwere Leber des nach 27 tägigem Bestehen des Diabetes getödteten Schweines (Vers. 13, S. 32) noch 1,96 Proc. = 18,1 g Glykogen.[2]) Und ebenso fand ich in der Leber eines Hundes, bei welchem ein kleines Stück der Bauchspeicheldrüse in der Bauchhöhle zurückgelassen war, noch 1,52 Proc. Glykogen:

---

1) Zur quantitativen Bestimmung des Glykogens. Zeitschrift für Biologie. Bd. XXII. S. 161.

2) Die Leber eines gleichaltrigen und in gleicher Weise gefütterten normalen Schweines enthielt 4,73 Proc. Glykogen.

Versuch 32. Bei dem 9,1 kg schweren Hunde wurde der grösste Theil des Pankreas im Gewicht von 27 g exstirpirt, und nur ein ungefähr 2 g schweres Stück zurückgelassen. Das Thier schied an den ersten 3 Tagen nach der Operation keinen Zucker im Harn aus. Am 4. Tage entleerte es, nachdem es ein wenig Milch erhalten hatte, 50 ccm Harn mit 3,2 Proc. Zucker und 3,4 Proc. Stickstoff. Es wurde nun durch Verbluten getödtet, und unmittelbar nach dem Tode 30 g von der Leber auf Glykogen verarbeitet. Es fanden sich 0,456 g $=$ 1,52 Proc. Glykogen. Die ganze Leber wog 487 g, enthielt demnach 7,4 g Glykogen.

Ganz ähnliche Resultate erhielt Hédon. Derselbe giebt zwar an, dass er in 2 Fällen auch bei der schwersten Form des Diabetes die Leber noch am 5. Tage glykogenhaltig gefunden hätte: in einem Falle enthielt dieselbe 3,5 Proc. Glykogen, in dem zweiten wurde die Menge des Glykogen nicht bestimmt. Indessen hatte das eine Thier in den letzten 24 Stunden nur 0,7 Proc., im Ganzen nur 3,0 g Zucker im Harn entleert und in den 5 Tagen, welche seit der Pankreasexstirpation verflossen waren, insgesammt nur 16 g ausgeschieden. Auch in dem anderen Falle soll an den vorhergegangenen Tagen die Zuckerausscheidung gering gewesen sein. Es erscheint daher nicht berechtigt diese Fälle zur schweren Form des Diabetes zu rechnen. In allen übrigen Fällen von schwerem Diabetes fand auch Hédon am 5. Tage nur Spuren, später überhaupt kein Glykogen mehr in der Leber, obgleich die Thiere noch bei gutem Kräftezustand waren, als sie durch Verbluten getödtet wurden. In 2 Fällen, in welchen nur die leichte Form des Diabetes aufgetreten war (unvollständige Exstirpation?), fanden sich dagegen noch sehr beträchtliche Glykogenmengen, so bei einem bereits sehr abgemagerten und kachektischen Thiere am 23. Tage nach der Operation noch 3,84 Proc., entsprechend 29,5 g in der 770 g schweren Leber.

Es sind diese Beobachtungen von Interesse gegenüber den widersprechenden Angaben über den Glykogengehalt der Leber bei diabetischen Menschen. So hat, wie bekannt, Külz, sowie Abeles, noch Glykogen in der längere Zeit nach dem Tode untersuchten Leber nachweisen können, während v. Mering dasselbe in zwei Fällen vermisste und in einem vorfand, und ebenso Frerichs bei der mikroskopischen Untersuchung in den von lebenden Diabetikern entnommenen Leberzellen das Glykogen in einem Falle nur in Spuren, in einem anderen vermindert und ungleichmässig vertheilt fand. Offenbar hängen diese Differenzen damit zusammen, dass die Intensität des Diabetes in diesen Fällen eine sehr verschiedene war.

Bemerkenswerth ist ferner, dass bei Vögeln, bei welchen nach der Totalexstirpation des Pankreas kein Diabetes, wohl aber Digestionsstörungen zu Stande kommen, die Glykogenablagerung in der Leber durchaus nicht gestört ist.

So wurde eine Ente 6 Tage nach der Pankreasexstirpation reichlich mit Brod, Kartoffeln und Fleisch gefüttert, wobei ein grosser Theil der Nahrung unverdaut in den Faeces abging. Am 7. Tage erhielt das Thier noch 15 g Rohrzucker. 7 Stunden später wurde es durch Verbluten getödtet. Aus der 31,2 g schweren Leber konnten 4,56S g = 14,62 Proc. Glykogen dargestellt werden.

Wenn nun alle diese Thatsachen dafür sprechen, dass das Fehlen des Glykogens in der Leber der diabetischen Thiere in irgend einer Weise mit der Störung des Zuckerverbrauchs zusammenhängt, so war es von besonderem Interesse, zu untersuchen, ob die Verabfolgung von solchen Kohlenhydraten, welche im Organismus der diabetischen Thiere noch verwerthet werden, eine Anhäufung von Glykogen in der Leber zur Folge haben kann.

Ich habe diese Versuche erst in der letzten Zeit ausführen können, als mir grössere Mengen von reiner Laevulose zugängig wurden. Das Resultat war nun ein sehr bemerkenswerthes:

In Versuch 31 (S. 73) hatte der Hund am 4. Tage nach der Pankreasexstirpation etwas über 100 g Lävulose erhalten. Davon waren bis zum folgenden Morgen 2,6 g unverändert und circa 45 g als Dextrose in den Harn übergegangen. Das Thier erhielt nun um 9 Uhr Vormittags noch 30 g Lävulose in 200 ccm Wasser, wovon indessen sehr bald ein grosser Theil erbrochen wurde. Dabei ging Harn verloren. Um 11 Uhr wird der Hund durch Verbluten getödtet, die Leber sofort auf Glykogen verarbeitet. Die Bestimmung ergiebt die Anwesenheit von 0,72 Proc., auf die 145 g schwere Leber berechnet, 1,03 g Glykogen. — Das Blut enthielt 0,286 Proc. Zucker.

Die in diesem Versuche gefundene Glykogenmenge ist zwar an sich nicht sehr gross. Immerhin erscheint ein Glykogengehalt von 0,72 Proc. in diesem Falle auffallend hoch, wenn man berücksichtigt, dass das Thier seit 5 Tagen keine weitere Nahrung erhalten hatte, dass dasselbe sich bereits vor der Operation in ziemlich schlechtem Ernährungszustande befunden hatte, und dass in anderen Fällen bereits am 3. Tage nach der Operation das Glykogen aus der Leber vollständig oder wenigstens nahezu vollständig geschwunden war. Es liegt nahe, anzunehmen, dass hier bereits etwas Glykogen unter dem Einfluss der Laevulosezufuhr angesetzt worden war.

Deutlicher war das Ergebniss in Vers. 19 (S. 50). Hier hatte das ausserordentlich abgemagerte Thier (sein Körpergewicht war von 6,8 kg am 5. April bis auf 3,3 kg am 6. Mai gesunken) nach 4 wöchentlichem Bestehen des Diabetes an den beiden Tagen vor dem Tode 50 bez. 100 g Lacvulose erhalten. Ein verhältnissmässig grosser Theil der eingegebenen Lacvulose war unverändert in den Harn übergegangen, ein Theil war als Traubenzucker ausgeschieden. Die Untersuchung der Leber ergab nun in diesem Falle die Anwesenheit von

4,13 Proc., also in dem ganzen 112 g schweren Organe 4,63 g Glykogen ergeben.

Indessen war in diesem Falle die Intensität des Diabetes zur
Zeit der Laevulosefütterung bereits sehr gesunken, und besass das
Thier noch ein unter die Haut transplantirtes Stück vom Pankreas.
Allerdings war dieses Drüsenstück, wie die Section ergab, vollständig degenerirt und offenbar auch nicht mehr functionsfähig, denn die
Intensität des Diabetes hatte eine Zeit lang den hohen Grad erreicht,
wie er sonst nur nach der Totalexstirpation des Pankreas beobachtet
wurde. Immerhin war es wünschenswerth, noch ein klareres Resultat
zu erzielen.

Ein solches ergab sich in Versuch 17 (S. 47). Hier war nach
Entfernung des unter die Haut verlagerten Drüsenstückes ein Diabetes
von der höchsten Intensität eingetreten. Das Körpergewicht des
Thieres war von ursprünglich 17 kg bis auf 11 kg gesunken. In
den 12 Tagen bis zur Laevulosefütterung waren im Ganzen nur
200 g Kohlenhydrate in der Nahrung zugeführt worden und gegen
900 g Traubenzucker im Harn ausgeschieden. Zur Zeit der Laevulosefütterung stand der Diabetes noch vollkommen auf der Höhe.
In diesem Falle erhielt nun das Thier im Laufe der 3 letzten Tage
vor dem Tode 400 g Laevulose. Davon erschien etwa die Hälfte,
zum grössten Theile als Traubenzucker, im Harn, der Rest war im
Organismus verschwunden. Es fand sich nun in der Leber 8,14 Proc.,
auf das ganze 569 g schwere Organ berechnet: 46,32 g Glykogen.
Dazu in den Muskeln 0,81 Proc., also im ganzen Körper wohl annähernd noch ebenso viel als in der Leber. — Dabei war der Zuckergehalt des Blutes 0,409 Proc., also nicht höher als bei manchen
anderen Versuchen, bei welchen die Leber glykogenfrei war.

Es kann nicht zweifelhaft sein, dass hier eine Ablagerung von
Glykogen in der Leber und den Muskeln unter dem Einflusse der
Laevulosezufuhr zu Stande gekommen war. Und es ist kaum mög-
lich, das Ergebniss dieses Versuches anders zu deuten, als dass die
Laevulose direct in Glykogen übergegangen war.

Im Zusammenhange mit diesem Versuche gewinnen auch die
beiden vorhergehenden an Beweiskraft.

Das bei diesen 3 Versuchen in der Leber abgelagerte Glykogen
besass alle Eigenschaften des gewöhnlichen Leberglykogens. In einer
0,5 procentigen Lösung zeigte es im Soleil-Ventzke'schen Saccharimeter eine Rechtsdrehung von 2,0 Theilstrichen, entsprechend
einer specifischen Drehung von annähernd 212°.

Somit haben diese Versuche die zunächst paradox erscheinende

Thatsache ergeben, dass im Organismus der diabetischen Thiere aus linksdrehenden Kohlenhydraten ein rechtsdrehendes Glykogen gebildet werden kann, während ein solches nach Zufuhr rechtsdrehender Kohlenhydrate nicht zur Ablagerung gelangt.

Dass im normalen Organismus die Laevulose in rechtsdrehendes Glykogen übergehen kann, ist bekannt und noch neuerdings durch Voit[1]) in besonders exacter Weise nachgewiesen. Voit gelangt zu dem Schlusse, dass die Leberzellen die Fähigkeit besitzen müssen, die eingeführte Laevulose entweder direct in Glykogen überzuführen oder zunächst in Dextrose umzuwandeln, welche als Material für die Glykogenbildung dient. Nach den Ergebnissen unserer Versuche muss wohl angenommen werden, dass eine Umwandlung der Laevulose in Dextrose der Glykogenbildung nicht vorausgeht, da die Dextrose bei den diabetischen Thieren nicht zu einer Anhäufung von Glykogen führt. Vielmehr ist wohl die Zunahme der Traubenzuckerausscheidung nach der Eingabe von Laevulose so zu deuten, dass zunächst aus der Laevulose Glykogen gebildet, und dieses alsdann in Traubenzucker umgewandelt wird.

Bemerkenswerth ist ferner, dass in dem zuletzt erwähnten Versuch 17 auch unzweifelhaft eine Ablagerung von Glykogen in den Muskeln nach der Laevulosefütterung zu Stande gekommen war. Im Allgemeinen ist bei den diabetischen Thieren auch der Glykogengehalt der Muskeln sehr gering, wenn er auch im Verhältniss zu dem Glykogengehalt der Leber mitunter noch auffallend gross erscheint, wie aus Tabelle XVI ersichtlich ist.

Ich möchte auf eine Erklärung dieser Erscheinung nicht weiter eingehen, möchte aber darauf hinweisen, dass, wie bekannt und besonders durch die Untersuchungen von Külz erwiesen ist, die Muskeln ihr Glykogen sehr viel hartnäckiger festhalten, als die Leber, so zwar, dass auch im Hungerzustande und bei angestrengter Muskelarbeit die Leber viel früher glykogenfrei wird, als die Muskeln.[2])

Der besseren Uebersichtlichkeit halber gebe ich die Resultate der hier besprochenen Glykogenbestimmungen in folgender Tabelle wieder:

---

1) l. c. S. 257.
2) E. Külz, Beiträge zur Kenntniss des Glykogens. Festschrift für Carl Ludwig. Marburg 1891. — Ueber den Einfluss angestrengter Körperbewegung auf den Glykogengehalt der Leber. Pflüger's Archiv f. d. ges. Physiol. Bd. XXIV. — Aldehoff, Ueber den Einfluss der Carenz auf den Glykogenbestand von Muskel und Leber. Zeitschr. f Biolog. Bd. XXV. S. 137.

TABELLE XVI.

Nummer	Körpergewicht des Thieres in kg	Zeit nach der Operation	Zuckergehalt im letzten Harn in %	Zuckergehalt im Blut	Leberglykogen in %	Leberglykogen in g	Muskelglykogen in %	Ernährung in den letzten Tagen
1	20	3 Tage	6,2	?	Spuren	Spuren	?	Hunger.
2	10	3 =	5,8	?	=	=	?	Hunger.
3	11	5 =	7,3	0,302	=	=	0,25	Fleisch und Milch.
4	8,1	5 =	7,1	0,526	0,21	0,51	0,28	Fleisch, Brod u. Milch
5	4,8	10 =	8,6	0,430	Spuren	Spuren	Spuren	Fleisch und Milch.
6	11,6	22 =	5,4	?	0,04	0,18	=	Fleisch.
7	6,0	26 =	7,5	0,450	Spuren	Spuren	=	Fleisch, Brod, Kartoffeln u. s. w.
8	6,8	3 =	8,2	0,547	0,14	0,31	0,18	170 g Traubenzucker.
9	8,7	4 =	5,0	0,800	0,06	0,19	?	2 × 15 g Traubenzucker (subcutan injicirt).
10	6,4	5 =	9,6	0,286	0,72	1,03	?	150 g Lävulose (theilweise erbrochen).
11	4,0	28 =	7,4	?	4,13	4,63	0,13	150 g Lävulose.
12	12,3	14 =	10,1	0,409	8,14	46,32	0,81	400 g Lävulose.
13	Ente 1,5	6 =	0	?	14,62	4,57	0,49	Fleisch, Brod u. Rohrzucker.
14	Hund 9,1	4 =	3,2	?	1,52	7,40	?	Hunger.
15	Schwein 20	27 =	7,2	0,208	1,96	18,10	0,233	Fleisch und Brod.

Left-margin labels: Totalexstirpation des Pankreas (rows 1–13); Particl. Exstirpation (rows 14–15).

X. Ueber die Ursachen des Diabetes nach der Pankreasexstirpation.

Die von v. Mering und mir mitgetheilten Experimente haben bereits mit Sicherheit ergeben, dass die Ursache des Diabetes nach der Exstirpation der Bauchspeicheldrüse nicht in dem Fehlen des Pankreassaftes im Darme, in dem Ausbleiben irgend einer Einwirkung desselben auf die Ingesta zu suchen ist. Einen weiteren einwandfreien Beweis hierfür liefern die hier S. 34—50 mitgetheilten Transplantationsversuche. Es kann demnach keinem Zweifel mehr unterliegen, dass das Auftreten des Diabetes auf Störungen zurückzuführen ist, welche die Ausschaltung der Bauchspeicheldrüse für den Stoffwechsel im Inneren des Organismus zur Folge hat.

Welcher Art diese Störungen sind, das lässt sich aber einstweilen noch durchaus nicht mit irgend welcher Bestimmtheit entscheiden.

Thatsache ist, dass bei Hunden und anderen Thieren nach Ausschaltung des Pankreas der in der Nahrung eingeführte, wie der im Organismus gebildete Traubenzucker nicht mehr in normaler Weise verbraucht wird, dass ferner nach diesem Eingriffe die Glykogenablagerung in der Leber nicht mehr in normaler Weise zu Stande kommt. Es darf angenommen werden, dass zwischen diesen beiden Erscheinungen irgend ein Zusammenhang besteht.

Bemerkenswerth ist weiter, dass die Laevulose sowohl in Bezug auf den Verbrauch im Organismus, wie in Bezug auf die Glykogenablagerung in der Leber sich anders verhält, als die Dextrose; dass die linksdrehenden Kohlenhydrate zum grossen Theile im Stoffwechsel verwerthet und als Glykogen abgelagert werden, dass sie zum Theil aber auch in rechtsdrehenden Zucker umgewandelt werden und in dieser Form im Harne zur Ausscheidung gelangen.

Wie aber alle diese Erscheinungen zu erklären sind, welcher Art die Vorgänge sind, die hierbei in Betracht kommen, darüber lassen sich zur Zeit kaum Vermuthungen aufstellen.

Wenn ich daher im Folgenden etwas näher auf die dem Pankreasdiabetes zu Grunde liegenden Störungen einzugehen suche, so geschieht es nicht, um irgend welche bestimmtere Schlussfolgerungen aus den bisherigen Beobachtungen zu ziehen, sondern nur um die Schwierigkeiten zu präcisiren, welche sich der Deutung dieser Beobachtungen entgegenstellen, und um womöglich Anhaltspunkte für eine weitere Fragestellung und für erneute Untersuchungen zu gewinnen.

v. Mering und ich hatten in Bezug auf die Art der hier in Betracht kommenden Störungen auf zwei Möglichkeiten hingewiesen:

Entweder es häuft sich nach der Pankreasexstirpation im Organismus irgend etwas Abnormes an, oder es fällt nach dieser Operation irgend eine normale Function aus, d. h. entweder das Pankreas hat in der Norm die Aufgabe, irgend eine, vielleicht ferment- oder giftartig wirkende Substanz fortzuschaffen, deren Retention im Organismus die Zuckerausscheidung bewirkt, oder aber es ist in der Norm eine Function des Pankreas, den Verbrauch des Zuckers im Organismus zu vermitteln, und der Ausfall dieser Function ist die Ursache des Diabetes mellitus.

Um die erstere Annahme zu prüfen, hatten wir das Blut eines diabetischen Hundes in das Gefässsystem eines gesunden transfundirt. So beweisend ein positives Ergebniss dieses Versuches gewesen wäre — aus dem negativen Resultat, welches derselbe ergab, konnte irgend eine Schlussfolgerung nicht gezogen werden; denn der zweite Hund besass ja noch sein normales Pankreas und war in der Lage, die etwa in dem diabetischen Blute enthaltene schädliche Substanz sofort wieder auszuscheiden.

Hédon — dessen Darstellung übrigens leicht den irrthümlichen Eindruck erwecken kann, als ob er und nicht bereits wir den soeben

erwähnten Einwand erhoben hätten — suchte nun die Entscheidung
dieser Frage durch eine Modification unseres Versuches herbeizuführen. Er injicirte das Blut eines diabetischen Hundes nicht einem
gesunden Thiere, sondern einem solchen, welches nach der (unvollständigen?) Pankreasexstirpation bei Fleischdiät nur Spuren (0,07 Proc.)
von Zucker im Harne ausschied. Nach der Transfusion zeigte sich
bei diesem Thiere keine Zunahme der Zuckerausscheidung im Harne.
Diesen Versuch hält Hédon für absolut beweisend. Indessen
ist es klar, dass auch hier der gleiche Einwand erhoben werden
kann, wie bei unserer Versuchsanordnung: das Fehlen der Glykosurie
bei dem zweiten Thiere beweist ja, dass im Organismus desselben
die Bedingungen nicht erfüllt waren, unter welchen die präsumirte
schädliche Substanz zur Wirkung gelangen konnte. Ob nun diese
Substanz im Organismus dieses Thieres selbst entstanden, oder ob dieselbe ihm durch das transfundirte Blut zugeführt wurde, mochte schliesslich gleichgültig sein. Es giebt daher auch der Hédon'sche Versuch nicht eine directe experimentelle Widerlegung der Annahme,
dass die Ursache des Diabetes in der Retention irgend einer Substanz nach der Pankreasexstirpation zu suchen sei.

Gleichwohl hat diese Annahme sehr wenig Wahrscheinlichkeit
für sich:

v. Mering und ich hatten als Beweis gegen dieselbe angeführt,
dass nach der Unterbindung der Ausführungsgänge und dem Aufhören der Pankreassecretion ein Diabetes nicht zu Stande kommt,
dass also die gestörte Ausscheidung irgend einer Substanz nicht die
Ursache der Glykosurie sein kann. Streng genommen, beweist dieses
aber noch nichts gegen die Annahme, dass sich irgend ein schädlicher Stoff nach der Pankreasexstirpation im Organismus anhäufe.
Denn es wäre denkbar, dass die Substanz, welche im Stande wäre,
den Diabetes zu erzeugen, zwar nicht mit dem Pankreassafte ausgeschieden, aber in der Norm innerhalb des Pankreas zerstört oder in
eine unschädliche Form übergeführt werde.

Allerdings könnte mit einer derartigen Annahme die Thatsache
schwer vereinbar erscheinen, dass bereits sehr kleine Reste der Bauchspeicheldrüse, ja selbst an abnormer Stelle eingeheilte Stücke derselben das Zustandekommen des Diabetes zu verhindern vermögen.
Es ist schwer, sich vorzustellen, wie eine im Organismus entstehende
Substanz durch diese obenein noch unter besonders ungünstigen Verhältnissen functionirenden Drüsenreste vollständig unwirksam gemacht werden sollte. Doch liegen hier die Verhältnisse nicht anders,
als bei anderen Organen, bei welchen verhältnissmässig kleine Reste

functionirenden Gewebes das ganze Organ vollkommen zu vertreten im Stande sind. So vermag z. B. bei Erkrankungen der Leber das zum grössten Theile degenerirte Organ noch die Harnstoffbildung aus Ammoniak in fast unbeschränktem Maasse zu bewirken, und ebenso können bei Vögeln kleine Reste der Leber die Umwandlung des Ammoniak in Harnsäure noch in vollem Umfange vermitteln; und doch ist es sehr wahrscheinlich, dass jedes Ammoniakmolecül mit einer Leberzelle in Berührung treten muss, wenn es die Umwandlung in Harnstoff bez. Harnsäure erleiden soll.

So ist denn die Annahme, dass der Diabetes nach der Pankreasexstirpation auf die Retention irgend einer Substanz, das heisst also auf eine Art von Autointoxication zurückzuführen ist, von vornherein nicht vollständig von der Hand zu weisen.

Auf weitere Schwierigkeiten stösst man aber, wenn man versucht, sich eine Vorstellung von der Art und Weise zu bilden, wie eine solche Substanz das Zustandekommen des Diabetes bewirken könnte:

Die Möglichkeit, dass eine nach Art des Phloridzin in den Nieren wirkende Substanz auch beim Pankreasdiabetes eine Rolle spielt, ist ausgeschlossen in Anbetracht des Verhaltens des Zuckergehalts im Blute, insbesondere auch mit Rücksicht auf die Ergebnisse der Versuche mit Exstirpation der Nieren (s. S. 65 ff).

Bei dem Pankreasdiabetes ist unzweifelhaft die abnorme Anhäufung des Zuckers im Blute die Ursache für den Uebertritt desselben in den Harn. Am nächstliegenden wäre es daher, anzunehmen, dass eine im Organismus kreisende Substanz eine solche Anhäufung von Zucker im Blute durch eine abnorme Zuckerbildung hervorzurufen im Stande wäre. In der That ist dieses auch bereits von verschiedenen Seiten angenommen worden. Man hat bald an eine Umwandung des Glykogens durch ein saccharificirendes Ferment, bald an einen vermehrten Zerfall von Gewebsbestandtheilen gedacht, welcher die nächste Folge der Pankreasexstirpation sein sollte, und welcher erst indirect zu einer gesteigerten Zuckerproduction Veranlassung geben sollte.

In dieser Hinsicht ist zunächst zu bemerken, dass eine einfache Steigerung der Zuckerbildung auf Kosten der zerfallenden Gewebsbestandtheile ohne gleichzeitige Störung des Zuckerverbrauchs niemals einen Diabetes zur Folge haben könnte. Der aus den zerfallenden Eiweisssubstanzen in vermehrter Menge im Organismus gebildete Zucker müsste mindestens ebenso gut verbraucht werden, wie ein gleiches Quantum in der Nahrung zugeführten Traubenzuckers. Für den

Uebergang des Nahrungszuckers in den Harn wäre aber vollends bei einer solchen Annahme eine Erklärung nicht gegeben. Was die Umwandlung des Glykogens in Zucker betrifft, so ist es sicher, dass eine solche bei dem Pankreasdiabetes stattfindet. Dafür spricht nicht nur die übergrosse Zuckerausscheidung, wie sie in einzelnen Fällen in den ersten Tagen nach der Pankreasexstirpation beobachtet wurde (s. S. 16), sondern vor Allem auch das Verhalten der Traubenzuckerausscheidung nach Einführung von Laevulose (s. S. 74 und 82). Es muss indessen fraglich erscheinen, ob diese Umwandlung des Glykogens in Zucker als Ursache für die Glykosurie angesehen werden kann. Sie ist vielleicht erst die Folge des Diabetes (s. S. 95).

Geht man von der Annahme aus, dass eine Umwandlung von Glykogen in Zucker auch im normalen Organismus stattfindet, so könnte man sich höchstens vorstellen, dass durch eine plötzliche Saccharificirung des im Organismus abgelagerten Glykogenvorraths eine vorübergehende Ueberschwemmung des Blutes mit Zucker und damit eine vorübergehende Zuckerausscheidung im Harne bewirkt werden könnte. Ein dauernder continuirlicher Diabetes mellitus von der Intensität des Pankreasdiabetes, eine Zuckerausscheidung, die selbst nach mehrtägigem Hungern bestehen bleibt, könnte auf diesem Wege nicht erklärt werden.

Die Saccharificirung des Glykogens könnte als Ursache des Diabetes nur dann in Frage kommen, wenn man die Ansicht gelten lässt, dass der Zucker im normalen Organismus nicht als solcher, sondern nur in Form von Glykogen zur Verwendung gelangt, dass also überhaupt die Zuckerbildung aus Glykogen als ein pathologischer Vorgang angesehen werden muss. Nun ist ja die Frage nach dem Schicksal des Glykogens immer noch strittig. Und gerade derjenige Autor, welcher der Zuckerbildung im Organismus den weitesten Umfang zuerkennt, Seegen [1]), behauptet, dass diese Zuckerbildung, wenigstens in der Leber, nicht auf Kosten des Glykogens von Statten gehe, sondern dass das Glykogen anderweitig im Organismus verwendet werde. Die Richtigkeit dieser Anschauungen eingehend zu discutiren, ist hier nicht der Ort, da die Beobachtungen an den diabetischen Thieren nicht über das Verhalten des Glykogens im normalen Organismus Aufschluss geben können. Stellt man sich aber auf den von Seegen vertretenen Standpunkt, so könnte man auch annehmen, dass die Ueberführung des Glykogens in Zucker durch eine im Blute

---

1) Die Zuckerbildung im Thierkörper. Berlin 1890.

kreisende Substanz die Ursache des Diabetes sei, und dass das normal functionirende Pankreas die Aufgabe habe, diese Substanz unwirksam zu machen.

In einer Beziehung wäre diese Annahme sehr bequem: die Abnahme der Zuckerausscheidung in den späteren Stadien des Diabetes oder bei Hinzutreten von complicirenden Erkrankungen könnte einfach darauf bezogen werden, dass unter den genannten Verhältnissen die Bildung der fraglichen Substanz nicht mehr in genügender Weise von Statten gehe.

Indessen ist die von Seegen vertretene Anschauung über das Schicksal des Leberglykogens keineswegs so sicher begründet [1]), dass sie einer Erklärung des Pankreasdiabetes ohne Weiteres zu Grunde gelegt werden könnte.

Hédon hat nun versucht, die Frage, ob bei dem Pankreasdiabetes eine vermehrte Zuckerbildung in der Leber stattfinde, direct auf experimentellem Wege zu entscheiden: Zunächst fand er, dass zwar auch in der Leber der diabetischen Thiere eine postmortale Zunahme des Zuckergehalts sich nachweisen liess, dass diese aber geringer ausfiel, als in der Leber gesunder Thiere. Ohne auf diese Beobachtung einen allzu grossen Werth zu legen, glaubt Hédon doch dieselbe dahin deuten zu dürfen, dass eine vermehrte Zuckerbildung in der Leber nicht die Ursache der Hyperglykämie gewesen sein konnte. — Diese Schlussfolgerung scheint mir nicht gerechtfertigt: die geringe postmortale Zuckerbildung konnte auch gerade die Folge davon sein, dass bereits während des Lebens das Glykogen abnormer Weise in Zucker umgewandelt war.

Weiterhin machte Hédon bei einem diabetischen Thiere vergleichende Zuckerbestimmungen in dem Blute der Pfortader, der Lebervene und der Carotis. In allen drei Blutproben fand er annähernd die gleichen Zuckermengen, so dass auch dieser Versuch gegen eine abnorme Zuckerproduction in der Leber zu sprechen schien. — Indessen kann wohl aus diesem Versuche nur gefolgert werden, dass derartige vergleichende Blutanalysen überhaupt nicht

---

1) Seegen stützt seine Ansicht hauptsächlich auf die Beobachtung, dass in dem überlebenden Lebergewebe die Zuckerbildung zu Stande komme, ohne dass der Glykogenbestand vermindert werde. Giebt man die Richtigkeit dieser Beobachtung zu, so scheint sie mir höchstens zu beweisen, dass ausser aus dem Glykogen noch aus anderem Material Kohlenhydrate entstehen. Die Möglichkeit, dass in dem überlebenden Lebergewebe ebenso wie eine Zuckerbildung auch eine Glykogenbildung von Statten gehen könnte, hat Seegen nicht berücksichtigt.

Untersuchungen über den Diabetes mellitus nach Exstirpation des Pankreas. 89

geeignet sind, die Frage nach der Zuckerbildung zu entscheiden. Denn es ist durchaus unwahrscheinlich, dass die Zuckerbildung in der Leber der diabetischen Thiere geringer sei, als in der Norm. Schliesslich suchte Hédon direct nachzuweisen, dass der Verbrauch des Zuckers in dem Organismus der diabetischen Thiere gestört sei, indem er nach dem Vorgange von Seegen durch Unterbindung der Aorta und Vena cava oberhalb des Zwerchfells die Leber ausschaltete. Bei gesunden Hunden sah er, ebenso wie Seegen, dass nach diesem Eingriffe bereits nach einer Stunde der grösste Theil des Zuckers aus dem Blute geschwunden war. Bei mehreren diabetischen Hunden fand er eine Stunde nach der Gefässunterbindung den gleichen Zuckergehalt im Blute, wie vor dieser Operation.

Diese letztere Versuchsanordnung beweist allerdings, ebenso wie die von Lépine mit dem Jacobj'schen Apparate ausgeführten Durchblutungsversuche, dass auch ausserhalb der Leber der Verbrauch des Zuckers bei den diabetischen Thieren gestört ist. Doch schliesst dieselbe nicht die Möglichkeit aus, dass die Ursache des gestörten Verbrauchs in einer abnormen Umwandlung des Glykogens in Zucker zu suchen ist. Wenn man von der Annahme ausgeht, dass das Glykogen in der Leber als solches verbraucht und in der Norm nicht in Zucker umgewandelt wird, dann muss man consequenter Weise die gleiche Annahme auch für den Muskel zulassen. Denn dass das Leberglykogen in irgend einer Weise dem Muskel zugeführt wird, um bei dessen Arbeit verbraucht zu werden, darf als sicher angenommen werden. Dafür spricht das rapide Schwinden des Leberglykogens bei angestrengter Muskelarbeit (Külz [1]), sowie die rasche Abnahme des Muskelglykogens nach der Leberexstirpation (Laves [2]). Ebenso wie man daher die Umwandlung des Leberglykogens in Zucker als Ursache der Hyperglykämie angesehen hat, könnte man auch die abnorme Saccharification des Muskelglykogens als Ursache für die Anhäufung des Zuckers im Blute gelten lassen. Doch liegt einstweilen für alle diese Annahmen noch gar zu wenig an positiven Thatsachen vor.

Bei einer directen Bestimmung der diastatischen Wirkung des Blutes hat Lépine in dem Blute eines diabetischen Hundes sogar eine geringere

---

1) Pflüger's Archiv f. d. ges. Phys. Bd. XXIV.
2) Ueber das Verhalten des Muskelglykogens nach der Leberexstirpation. Inaug.-Diss. Königsberg 1886. — Siehe Minkowski, Archiv f. exp. Path. u. Pharm. Bd. XXIII. S. 139.

Saccharification gefunden, als in dem Blute eines normalen Thieres. — Ich habe mich bei einigen Vorversuchen davon überzeugen können, dass auch das Blut der diabetischen Thiere Amylum und Glykogen in Zucker umzuwandeln vermag. Auf genauere quantitative Bestimmungen habe ich indessen, mit Rücksicht auf die mannigfachen hierbei concurrirenden Einflüsse, vor der Hand verzichtet.

Vor Allem aber ist zu bemerken, dass die Annahme der Retention einer saccharificirenden Substanz durchaus nicht im Stande wäre, zu erklären, wie bei den diabetischen Thieren eine Glykogenablagerung nach der Laevulosefütterung möglich geworden ist. Es ist schwer einzusehen, warum das aus dem Traubenzucker stammende Glykogen sofort wieder saccharificirt werden soll, während das aus Laevulose gebildete sich in so erheblicher Menge in der Leber, wie in den Muskeln anhäufen kann.

Viel plausibler ist unzweifelhaft die Annahme, dass das Pankreas in der Norm irgend eine besondere Function bei dem Verbrauche des Zuckers zu erfüllen habe, und dass der Ausfall dieser Function die Ursache des Diabetes sei. Dieses ist auch die Annahme, zu welcher sich, ebenso wie v. Mering und ich, die meisten Autoren bekannt haben, welche in letzter Zeit dieser Frage näher getreten sind.

Ueber das Wesen dieser Function konnten aber bis jetzt blos Vermuthungen geäussert werden.

Nur Lépine hat es versucht, durch eine grosse Zahl von Publicationen [1]) die Wirkungsweise des Pankreas bei dem Zuckerverbrauche genauer zu präcisiren. Nach seiner Ansicht sollte das Pankreas in der Norm ein Ferment produciren, welches hauptsächlich mit dem Lymphstrome in das Blut gelange, hier an die weissen Blutkörperchen gebunden sei und die Zerstörung des Zuckers im Organismus vermittle. Das Fehlen dieses Fermentes im Blute sollte die Ursache des Diabetes sein. Dabei ging Lépine von der Annahme aus, dass das Verschwinden des Zuckers aus dem aufbewahrten Blute, welches Cl. Bernard zuerst beobachtet hatte, auf die Wirkung dieses aus dem Pankreas stammenden Fermentes zurückzuführen sei. In dem nach Exstirpation des Pankreas entzogenen Blute sollte ebenso, wie in dem Blute diabetischer Menschen diese fermentative Glykolyse erheblich vermindert sein.

Gegen diese Theorie von Lépine sind von verschiedenen Seiten

---

1) Die meisten derselben erwähnt Lépine in seiner Mittheilung über „die Beziehungen des Diabetes zu Pankreaserkrankungen." Wiener med. Presse 1892. Nr. 27—32.

Einwände erhoben worden (von Sansoni[1]), Gaglio[2]), Arthus[3]), Seegen[4]), Colenbrander[5]), Kraus)[6]), und auch ich selbst habe mich bereits in einer früheren Publication[7]) bemüht, nachzuweisen, dass die Versuche Lépine's nicht geeignet sind, eine ausreichende Erklärung für das Zustandekommen des Diabetes nach der Pankreasexstirpation zu geben.

Es gebührt Lépine unzweifelhaft das Verdienst, die allgemeine Aufmerksamkeit auf das von Cl. Bernard zuerst beobachtete und später wenig beachtete Verschwinden des Zuckers im aufbewahrten Blute gelenkt zu haben. Es ist auch zu hoffen, dass durch seine Beobachtungen und die durch dieselben angeregten Untersuchungen dieses für den Physiologen unzweifelhaft interessante Phänomen noch weiter aufgeklärt werden wird. Der Beweis aber, dass das hierbei wirksame Ferment die normale Umsetzung des Zuckers im lebenden Organismus zu vermitteln berufen ist, und dass das Fehlen dieses Fermentes — des „Glykolysins", wie es sogar schon Nommès[8]) genannt hat — die Ursache des Diabetes ist, dieser Beweis ist bis jetzt noch keineswegs erbracht.

Dass der Einfluss des Pankreas auf die normale Zersetzung des Zuckers in der Production irgend einer fermentartig wirkenden Substanz seinen Ausdruck findet, ist allerdings eine Annahme, welche von vornherein nicht unwahrscheinlich ist.[9]) Wie diese Substanz aber

1) Il fermento glicolitico del sangue, Riforma medica. Nr. 160—162. Luglio 1891. — Ibid. Nr. 13. Gennaio 1892.

2) Sul diabete che segue all' estirpazione del pancreas. Ibid. No. 21. 1891.

3) Glycolyse dans le sang et ferment glycolytique. Archiv. de physiol. Juli 1891 und April 1892.

4) Die Zuckerumsetzung im Blute mit Rücksicht auf Diabetes mellitus. Wien. klin. Woch. 1892. Nr. 14 u. 15. — Centralbl. f. Physiol. 1891. Heft. 25 u. 26.

5) Onderzoekingen uit het Physiol. Laborator. te Utrecht IV Reehs II Deel 1 1892 (ref. in Semaine médic. 1892. p. 428. No. 53).

6) Ueber die Zuckerumsetzung im menschlichen Blute ausserhalb des Gefässsystems. Zeitschr. f. klin. Med. Bd. XXI. 3. u. 4. Heft. 1892. S. 315.

7) Minkowski, Berl. klin. Wochenschr. 1892. Nr. 5.

8) Etude sur le pancréas et sur le diabète pancréatique. Paris 1891.

9) Versuche, durch Zufuhr des fehlenden Fermentes die Zuckerausscheidung bei diabetischen Thieren zu vermindern, haben bis jetzt kein positives Resultat ergeben. Sowohl die Verfütterung von frischen Pankreasdrüsen, wie die subcutane Injection von frisch bereiteten Auszügen aus der Bauchspeicheldrüse unmittelbar vorher getödteter gesunder Hunde blieben ohne Einfluss auf den Zuckergehalt des Harnes (siehe z. B. Versuch 19. S. 49). Gleiche Misserfolge erwähnen Hédon, de Dominicis, Lépine. Capparelli (Atti dell' Accademia Gioenia di Scienze Naturali in Catania 1892) will neuerdings durch Injection von fein vertheilten Pankreasstückchen in die Bauchhöhle von diabetischen Hunden eine Ab-

beschaffen sei, und in welcher Weise sie wirke, davon ist einstweilen
absolut nichts bekannt. Nur dass die von Lépine in Bezug auf
die Natur dieser Substanz gemachte Annahme nicht zutreffend ist,
lässt sich mit ziemlicher Sicherheit erweisen.

Ich will hier auf die mannigfachen bereits früher von anderen
Autoren und auch von mir gegen die Lépine'schen Versuche er-
hobenen Einwände nicht noch einmal zurückkommen, wie z. B. auf
die Unwahrscheinlichkeit einer Umsetzung des Zuckers im Blute
selbst, auf das Fehlen der glykolytischen Wirkung nicht nur im Pankreassafte, sondern auch in der Pankreasdrüse selbst, auf das Ausbleiben der Glykolyse bei Verhinderung der Blutgerinnung [1] u. s. w.
Ich möchte hier nur einen bereits früher kurz erwähnten Versuch
genauer beschreiben, welcher direct beweist, dass das Ausbleiben des
Zuckerverbrauchs während des Lebens nicht mit dem Fehlen der
Glykolyse im aufbewahrten Blute in Zusammenhang steht:

Versuch 33. Einem Hunde von 8,7 kg Gewicht wird am 1. Juli
das Pankreas vollständig exstirpirt.

Das Thier, welches keine Nahrung erhält, entleert bis zum 2. Juli
Morgens 8 Uhr
320 ccm Harn mit 9,3 g Zucker und 3,62 g Stickstoff (D : N = 2,57),
bis zum 3. Juli Morgens 8 Uhr
290 ccm Harn mit 17,4 g Zucker und 6,29 g Stickstoff (D : N = 2,77),
bis 6 Uhr Abends
160 ccm Harn mit 11,4 g Zucker und 3,52 g Stickstoff (D : N = 3,24).

Um 6½ Uhr werden dem Hunde 300 ccm einer 5procentigen Trauben-
zuckerlösung langsam unter die Rückenhaut infundirt.

Bis zum 4. Juli 1½ Uhr Mittags entleert das Thier
550 ccm Harn mit 28,1 g Zucker und 5,12 g Stickstoff (D : N = 5,49).

Um 1½ Uhr erhält der Hund abermals 15 g Traubenzucker subcutan.
Um 5½ Uhr wird er durch Verbluten getödtet (s. S. 78).

50 ccm Blut werden sofort enteiweisst; dieselben enthalten (im Mittel
aus 2 Analysen) [2]:

0,800 Proc. Zucker.

nahme der Zuckerausscheidung erzielt haben. Doch hat er nur den Procentgehalt
an Zucker im Harn bestimmt, ohne die Gesammtmenge des ausgeschiedenen Traubenzuckers und die Beschaffenheit der Nahrung zu berücksichtigen. Ausserdem
sind derartige Versuche durchaus nicht eindeutig, da durch alle möglichen Schä-
digungen der diabetischen Thiere eine Verminderung des Zuckergehalts hervorgerufen werden kann. So hat z. B. auch Lépine nach Injection von Diastase,
und Dominicis nach intravenöser Injection einer Lösung von kohlensaurem Natron den Zuckergehalt im Harn abnehmen sehen.

1) In dieser Hinsicht ist die Beobachtung von Colenbrander von besonderem Interesse, welcher gefunden hat, dass der Zusatz von Blutgelextract zum
Blute die Glykolyse hindert.

2) Diese Analysen wurden von Herrn Dr. Socin ausgeführt.

50 ccm Blut bleiben 1 Stunde bei 36° C. im Brütofen und werden erst dann enteiweisst; dieselben enthalten (im Mittel von 2 Analysen): 0,630 Proc. Zucker.

Es hatte demnach das Thier von den am 3. Juli eingeführten 15 g Traubenzucker bereits in den nächsten 19 Stunden mindestens 13 g wieder ausgeschieden. Die Intensität des Diabetes stand jedenfalls auf der Höhe. Trotzdem waren aus dem im Brütofen aufbewahrten Blute bereits nach einer Stunde 0,170 Proc. Zucker verschwunden, eine Menge, welche dem höchsten Grenzwerth des Zuckergehalts im normalen Blute nahesteht, und welche jedenfalls noch erheblich grösser ist, als die Menge, welche in der gleichen Zeit aus normalem Blute zu verschwinden pflegt.

Diesem Versuche gegenüber bemerkt Lépine: „Man darf nicht nur den absoluten Verlust berücksichtigen, da dieser bis zu einer gewissen Grenze von der im Blute existirenden Zuckermenge abhängt; nun ist aber das Verhältniss des Zuckers im diabetischen Blut grösser als im normalen. Man muss hauptsächlich den percentuellen Verlust berücksichtigen, und dieser ist im diabetischen Blut sehr gering." Das ist aber, wie Kraus (l. c.) neuerdings an der Hand der C. Schmidt'schen Versuche mit Recht hervorgehoben hat, eine irrige Annahme. Für die Menge des in Action tretenden Ferments kann in der Hauptsache nur die absolute Menge der zersetzten Substanzen maassgebend sein. Wie sollte ausserdem der höhere Zuckergehalt des diabetischen Blutes zu Stande kommen, wenn der absolute Zuckerverlust in der Zeiteinheit in diesem Blute gleich gross sein kann, wie im normalen? Uebrigens ist auch der procentuale Verlust in dem obigen Versuche keineswegs gering gewesen: er betrug gegen 21 Proc., eine Menge, die im normalen Blute zwar oft überschritten, aber manchmal auch nicht erreicht wird.

Ueberhaupt ist die Intensität der postmortalen Glykolyse bei verschiedenen Individuen sehr grossen Schwankungen unterworfen, wie aus den eigenen Beobachtungen Lépine's, insbesondere aber auch aus den erwähnten Untersuchungen von Kraus [1]) hervorgeht. Worauf dieses beruht, und wie es kommt, dass in vielen Fällen der Zuckerverlust im diabetischen Blute thatsächlich geringer ausfällt, als im normalen, mag hier unerörtert bleiben. Der oben angeführte Versuch genügt, wie mir scheint, um darzuthun, dass das Fehlen des glykolytischen Ferments im Blute nicht die Ursache des Diabetes nach der Pankreasexstirpation sein konnte.

---

1) Allerdings dürfte die von Kraus angewandte Untersuchungsmethode nicht ganz einwandfrei sein.

Gegenüber der Behauptung, dass es sich bei der fermentativen Zuckerzersetzung im aufbewahrten Blute um eine postmortale Erscheinung handle, hat Lépine insbesondere auch die Ergebnisse seiner Versuche mit künstlicher Durchblutung von Extremitäten frisch getödteter Hunde mittelst des Jacobj'schen Apparates geltend gemacht. [1]) Wenn nun aber auch die künstliche Durchblutung eine Methode ist, mittelst deren sich vitale Processe noch eine Zeit lang unterhalten lassen, so ist diese Methode doch nicht geeignet, postmortale Processe auszuschliessen. Günstigstenfalls können diese Durchblutungsversuche nur beweisen, dass der Zuckerverbrauch in den Organen der diabetischen Hunde nicht in der Weise von statten geht, wie in den Organen normaler Thiere. Dazu bedarf es aber nicht der Durchblutung überlebender Organe, das beweist schon das Verhalten des Zuckers im Organismus des noch lebenden ganzen Thieres.

So sind denn auch die Lépine'schen Versuche nicht geeignet, weitere Aufklärung über das Wesen der dem Pankreasdiabetes zu Grunde liegenden Störungen zu gewähren.

Ueberhaupt ist es vorderhand noch nicht möglich, eine befriedigende Theorie für die Genese des Pankreasdiabetes zu geben. Doch wird jede Theorie auch das eigenthümliche Verhalten des Leberglykogens und namentlich auch das verschiedene Schicksal des rechtsdrehenden und des linksdrehenden Zuckers in Betracht ziehen müssen.

Die beiden Annahmen, welche sich aus den hierbei beobachteten Thatsachen als die nächstliegenden ergeben, wären folgende:

Entweder: Die Umwandlung der Dextrose in Glykogen ist eine Vorbedingung für den normalen Verbrauch des Zuckers. Diese Umwandlung kann aber nur unter Mithülfe des Pankreas erfolgen, welches zu diesem Zwecke, sei es auf die Dextrose selber, sei es. auf die Zellen der Leber und der Muskeln eine besondere Wirkung ausüben muss. Es müsste hierbei alsdann weiter angenommen werden, dass für die Glykogenbildung aus Laevulose eine solche Mitwirkung des Pankreas nicht erforderlich sei. Wie man sich dieses vorstellen soll, ist schwer zu sagen. Die einfachste Erklärung gäbe allenfalls die Annahme, dass überhaupt nur aus Laevulose Glykogen gebildet werde, und dass das Pankreas erst die Dextrose in Laevulose umwandeln müsse. Doch ist eine solche Annahme schwerlich zulässig.

---

1) Lépine et Barral, Comptes rendus 23. Juni 1890 bis 20. Juli 1891.

Oder aber: Der Zucker gelangt in der Norm direct als solcher zum Verbrauch. Für den normalen Verbrauch der Dextrose ist aber die Mitwirkung des Pankreas erforderlich. Die Glykogenbildung ist auch nach der Pankreasexstirpation direct nicht gestört. Das Schwinden des Leberglykogens ist vielmehr erst die Folge des gestörten Zuckerverbrauchs. Die vorhandenen regulatorischen Vorrichtungen, welche z. B. bei dem durch Muskelarbeit gesteigerten Zuckerbedürfniss das rasche Schwinden des Leberglykogens bewirken[1]), kommen auch hier zur Geltung, wo infolge des gestörten Zuckerverbrauchs fortwährend ein sehr lebhaftes Bedürfniss nach Zucker besteht. So wird denn das Glykogen, welches aus den Eiweisssubstanzen oder dem in der Nahrung zugeführten Traubenzucker gebildet wird, immer wieder sofort in Dextrose umgewandelt, welche sich im Blute anhäuft und in den Harn übergeht. — Für den Verbrauch der Laevulose ist die Mitwirkung des Pankreas nicht erforderlich. Die Laevulose kann daher zum Theil auch nach der Pankreasexstirpation noch verbraucht werden. Durch die Zufuhr der Laevulose wird daher dem Zuckerbedürfniss des Organismus Genüge gethan. Infolgedessen kann diejenige Menge von Laevulose, welche im Uebermaasse zugeführt wird, als Glykogen abgelagert werden. Wird aus diesem Glykogen wieder Traubenzucker, so geht derselbe unverändert in den Harn über. Auf diese Weise erklärt sich auch die Zunahme der Traubenzuckerausscheidung nach der Laevulosezufuhr.

Wie man sich dabei die Wirkung des Pankreas vorzustellen hat, bleibt dahingestellt. Es braucht aber durchaus nicht die Production eines „glykolytischen" Fermentes angenommen zu werden. Es könnte z. B. das Pankreas auch in irgend einer Weise auf die Organe einwirken, welche in der Norm den Zucker verbrauchen, indem es daselbst Affinitäten frei macht, an welche sich das Zuckermolecül anlagern kann. Es wäre beispielsweise ferner auch denkbar, dass der Zucker in der Norm in irgend einer lockeren Bindung circulirt, welche denselben für die oxydativen Processe unangreifbar macht, und dass das Pankreas berufen ist, diese Bindung zu lösen und hierdurch die normale Oxydation des Zuckers zu ermöglichen.

Das verschiedene Verhalten der einzelnen Zuckerarten könnte hierbei vielleicht mit der Verschiedenheit in der chemischen Constitution des Aldehydzuckers und des Ketonzuckers in Zusammenhang stehen. —

[1]) Selbstverständlich muss hierbei vorausgesetzt werden, dass die Regulation hier nicht etwa durch das Sinken des Zuckergehalts im Blute bewirkt wird — eine Annahme, die ohnehin sehr wahrscheinlich ist.

Es liegt mir fern, mich für eine dieser Annahmen bestimmt entscheiden zu wollen. Die weitere Verfolgung derselben scheint mir
aber der Weg zu sein, auf welchem möglicher Weise noch mehr Thatsachen zu ermitteln sind. Und hierin mag die Aufstellung derartiger
Hypothesen eine Entschuldigung finden. Dieselben blos auf Grund
von Vermuthungen noch weiter auszuspinnen, halte ich mich nicht
für berechtigt. —

ANHANG.

1. Ueber den Stickstoffumsatz nach der Pankreasexstirpation.

Auf das Verhalten des Stickstoffumsatzes nach der Pankreasexstirpation bin ich in der vorstehenden Abhandlung nicht weiter
eingegangen. Von anderer Seite (Hédon, de Dominicis, Harley
u. And.) ist gerade auf den gesteigerten Zerfall von Organeiweiss
bei den operirten Thieren ein ganz besonderer Werth gelegt worden.
Es unterliegt keinem Zweifel, dass ein solcher gesteigerter Eiweisszerfall in der That nach der Pankreasexstirpation stattfindet. Das
geht mit der grössten Bestimmtheit aus der Thatsache hervor, dass
die Thiere trotz überreichlicher Ernährung ausserordentlich rasch
abmagern, so dass sie mitunter in 14 Tagen ein Drittel ihres Körper-
gewichts und noch mehr einbüssen. Ob indessen hierin ein besonderer,
von der Zuckerausscheidung unabhängiger Einfluss der Pankreasexstirpation auf den Stoffwechsel in den Geweben zu suchen ist, wie
einzelne Autoren angenommen haben, ist zweifelhaft.

In erster Linie ist wohl diese „Denutrition" auf die Störungen
der Verdauung und der Ausnutzung der Nahrungsstoffe im Darmkanal zu beziehen, welche infolge der Pankreasexstirpation zu Stande
kommen. Nach den Untersuchungen von Abelmann hört bei den
operirten Thieren die Resorption der nicht emulgirten Fette vollständig auf, und von den Eiweisssubstanzen wird nur etwa die Hälfte
resorbirt.

Immerhin scheint es, dass die Thiere ohne Pankreas rascher abmagern und mehr von ihren Körperbestandtheilen zersetzen, als es
bei der Menge der aus der Nahrung schliesslich doch noch resorbirten
Eiweisssubstanzen zu erwarten wäre.

Aber auch hierin vermag ich keinen Beweis für einen directen
Einfluss der Pankreasexstirpation auf den Stickstoffumsatz zu erblicken.
Bei den diabetischen Thieren kommt doch noch in Betracht, dass
auch die aus den Eiweisssubstanzen gebildeten Kohlenhydrate im
Organismus nicht verwerthet werden, und dass infolgedessen nur
ein Bruchtheil der in den resorbirten Albuminaten enthaltenen Spann-

kräfte den Leistungen des Organismus zu Gute kommt.[1]) Nun ist es richtig, dass in manchen Fällen auch nach unvollständiger Pankreasexstirpation, wenn die Zuckerausscheidung im Harn ausbleibt, sich eine auffallende Kachexie entwickelt. Hédon sah sich sogar veranlasst, solche Fälle als „Diabetes ohne Glykosurie" zu bezeichnen. Aber der Beweis, dass die Kachexie in diesen Fällen auf etwas Anderem beruht, als auf den Störungen der Digestion, ist schwer zu erbringen. Auch die genauesten Stoffwechseluntersuchungen mit sorgfältiger Berücksichtigung des Stickstoffgehalts im Harn und in den Faeces könnten hier nicht sicher entscheiden. Denn wenn auch die Analyse der Faeces ergiebt, dass von dem eingeführten Stickstoff ein grosser Theil im Organismus verschwunden ist, und dieser dann im Harn als Harnstoff erscheint, so geht daraus noch nicht hervor, dass es sich um eine normale Ausnutzung der betreffenden stickstoffhaltigen Bestandtheile gehandelt hat. Es ist nicht unwahrscheinlich, dass nach dem Ausbleiben der Einwirkung des Pankreassaftes auf die Albuminate der Nahrung abnorme Zersetzungen derselben innerhalb des Darmkanals Platz greifen, die zur Entstehung von solchen Zerfallsproducten führen können, welche die normalen Verdauungsproducte vollwerthig zu ersetzen nicht mehr im Stande sind. Werden solche Substanzen resorbirt, so kann ihr Stickstoff doch immer nur als Harnstoff im Harn erscheinen; denn selbst der in Form von Ammoniak eingeführte Stickstoff wird im Organismus in Harnstoff umgewandelt. Die Unmöglichkeit, diese Fehlerquelle zu vermeiden, hat mich veranlasst, bis auf Weiteres auf eine eingehendere Untersuchung des Stickstoffumsatzes der diabetischen Thiere zu verzichten. —

2. Ueber die Ausscheidung von Aceton, Acetessigsäure und Oxybuttersäure nach der Pankreasexstirpation.

In einzelnen Fällen werden, wie v. Mering und ich bereits früher berichtet haben, im weiteren Verlaufe des Diabetes nach der Pankreasexstirpation auch beträchtliche Mengen von Aceton, Acetessigsäure und Oxybuttersäure im Harn nachweisbar. Das Auftreten dieser Substanzen ist aber durchaus keine regelmässige Folge der Pankreasexstirpation. Ich habe bis jetzt nur in 5 Fällen

---

1) Durch Fritz Voit (Ueber den Stoffwechsel bei Diabetes mellitus. Zeitschr. f. Biolog. Bd. XXIX. S. 129. 1892) ist es neuerdings nachgewiesen, dass der gesteigerte Eiweissverbrauch des Diabetikers nur auf der Unfähigkeit beruht, die Kohlenhydrate in dem gleichen Umfange zu verwerthen, wie es dem gesunden Menschen möglich ist.

das Vorhandensein derselben im Harn mit Sicherheit nachweisen können. Dabei ist allerdings die Möglichkeit nicht ausgeschlossen, dass ausserdem noch in dem einen oder anderen Falle ihre Anwesenheit übersehen wurde. In der Mehrzahl der Fälle wurden sie jedenfalls im Harn bei der Untersuchung vermisst.[1])

In dreien von jenen 5 Fällen trat die Oxybuttersäure erst auf, als der Diabetes bereits längere Zeit (2—3 Wochen) bestanden und zu einer ausserordentlichen Abmagerung der Thiere geführt hatte. In den beiden anderen Fällen zeigte sich die Eisenchloridreaction im Harne bereits gegen Ende der ersten Woche nach der Operation. Diese beiden Thiere gingen frühzeitig, am 7. bez. 14. Tage, unter schweren Ernährungsstörungen zu Grunde. Beide hatten andauernd die eingeführte Nahrung erbrochen. Bei der Section fand sich als Ursache des Erbrechens in dem einen Falle (Versuch 9 S. 25) die Anwesenheit von runden Magengeschwüren, in dem anderen eine Abknickung des Duodenum durch narbige Schrumpfungen.

Um die Oxybuttersäure nachzuweisen, wurde dieselbe in 2 Fällen aus dem sauren Aetherextracte mittelst fractionirter Sättigung möglichst rein dargestellt und durch die specifische Drehung der Polarisationsebene, sowie dadurch, dass sie bei der Destillation mit Schwefelsäure α-Crotonsäure lieferte, charakterisirt. In den übrigen Fällen beschränkte ich mich auf den Nachweis eines stark linksdrehenden sauren Aetherextractes neben intensiver Eisenchloridreaction und sehr starker Acetonreaction des Harnes (sowohl nach Legal, wie nach Lieben und Gunning).

Die Menge der im Harn ausgeschiedenen Oxybuttersäure war auch in den vorgerückten Stadien des Diabetes nur eine mässige: in einem Falle fand ich in der 24 stündigen Harnmenge gegen 4 g, in den anderen Fällen nur 0,5—2 g. Indessen ist zu bemerken, dass die im Harn ausgeschiedene Menge wohl nur einen Bruchtheil der im Organismus gebildeten darstellt. Denn auch die nach der Pankreasexstirpation diabetisch gewordenen Hunde vermögen die Oxybuttersäure leicht zu oxydiren, wie folgender Versuch bewies:

Versuch 34. Einem Hunde von 7,7 kg Gewicht, welcher am vierten Tage nach der Pankreasexstirpation im Hungerzustande 185 ccm Harn mit 7,7 Proc. Zucker und 2,85 Proc. Stickstoff ausgeschieden hatte, wurden 10 g reines oxybuttersaures Natron, welches aus dem Harne eines diabetischen Menschen gewonnen war, in 100 ccm Lösung mittelst Schlundsonde in den Magen eingeführt. Eine kleine Quantität der eingegossenen Flüssigkeit (etwa 10—15 ccm) ging dabei verloren.

Aus dem in den nächsten 24 Stunden entleerten Harne (230 ccm mit 6,6 Proc. Zucker und 2,39 Proc. Stickstoff) wurden durch Ansäuern und wiederholte Extraction mit Aether nur circa 0,4 g eines sauren Rück-

---

1) Mässige Mengen von Aceton fanden sich allerdings häufiger im Harn der diabetischen Thiere, auch wenn Acetessigsäure und Oxybuttersäure nicht nachweisbar waren.

standes erhalten, welcher in 20 ccm Wasser gelöst am Soleil-Ventzke-schen Saccharimeter eine Linksdrehung von 0,6 Theilstrichen zeigte, also in der Hauptsache wohl aus Oxybuttersäure bestand. Dabei war die Re-action des Harnes, welche vorher deutlich sauer gewesen war, ziemlich stark alkalisch geworden, und auf Zusatz von Säure erfolgte eine ausser-ordentlich reichliche Kohlensäureentwicklung. Es war demnach die Haupt-masse des eingeführten oxybuttersauren Natrons zu kohlensaurem Natron oxydirt.

Bemerkenswerth ist, dass der Harn, in welchem vorher Acetessig-säure und Aceton nicht deutlich nachweisbar waren, nach der Eingabe der Oxybuttersäure eine sehr starke Eisenchloridreaction und im Destillate mit Jod und Kalilauge einen reichlichen Niederschlag von Jodoform gab. Es scheint mir diese Beobachtung, deren Bedeutung ich nicht überschätzen möchte, von besonderem Interesse mit Rücksicht auf die Ansicht von v. Jaksch [1]), welcher nicht, wie ich es angenommen habe, die Oxybuttersäure als Vorstufe der Acetessigsäure und des Acetons betrachtet, sondern an-nimmt, dass umgekehrt das Aceton synthetisch zu Acetessigsäure und Oxybuttersäure umgebildet wird. —

Das inconstante Auftreten der Oxybuttersäure und der ihr ver-wandten Substanzen bei dem Pankreasdiabetes spricht unzweifelhaft dafür, dass die Ausscheidung derselben nicht in directer Beziehung zu der Zuckerausscheidung steht, vielmehr als eine Complication des Diabetes zu betrachten ist. In gleichem Sinne sind verschiedene Be-obachtungen aus der menschlichen Pathologie [2]) zu deuten. Einer-seits ist auch hier das Vorkommen dieser Substanzen beim Diabetes durchaus nicht constant; andererseits hat man dieselben ausser beim Diabetes auch noch bei verschiedenen anderen Krankheitszuständen im Harne auftreten sehen, denen nur das Eine gemeinsam ist, dass sie mit einem gesteigerten Zerfall von Organbestandtheilen einher-gehen, so bei fieberhaften Krankheiten, bei Carcinomen, Vergiftungen, Digestionsstörungen u. s. w.

Bemerkenswerth ist es, dass das Auftreten der Oxybuttersäure und ihrer Oxydationsproducte in unseren Versuchen besonders zu der Zeit sich bemerkbar machte, in welcher die Zuckerausscheidung ab-zunehmen begann. Aehnliche Beobachtungen sind auch bei diabeti-schen Menschen gemacht worden. So erwähnt v. Jaksch (l. c.) mehrere Fälle, in welchen eine Diaceturie erst beim plötzlichen Schwinden des Zuckergehalts im Harne auftrat. Es legt dieses den Gedanken nahe, dass das Auftreten der in Rede stehenden Substan-

---

1) Ueber Acetonurie und Diaceturie. Berlin 1885.

2) Vgl. hierüber Wolpe, Untersuchungen über die Oxybuttersäure des dia-betischen Harns. Inaug.-Diss. Königsberg 1866. — Eine sehr eingehende Berück-sichtigung der Literatur über diesen Gegenstand findet sich bei Lorenz, Unter-suchungen über Acetonurie u. s. w. Zeitschr. f. klin. Med. Bd. XIX. H. 1 u. 2. 1891.

zen, welche den Eiweisskörpern ihre Entstehung verdanken, mit Störungen der Zuckerbildung aus Eiweiss zusammenhängt, sei es — was weniger wahrscheinlich ist —, dass die Oxybuttersäure direct als eine Vorstufe bei der Synthese des Zuckers zu betrachten ist, sei es — was eher anzunehmen wäre —, dass sie aus dem stickstofffreien Reste der Eiweisskörper erst dann entsteht, wenn die Zuckerbildung behindert wird. —

3. Ueber den Glykogengehalt der Leukocyten nach der Pankreasexstirpation.

Die Untersuchungen von Gabritschewski[1] haben dargethan, dass der Glykogengehalt der Leukocyten sehr wesentlich durch den Zuckergehalt des Blutes beeinflusst wird, und dass eine sehr erhebliche Vermehrung des Glykogens im Blute bei denjenigen Formen des Diabetes mellitus gefunden wird, bei welchen der Zuckergehalt des Blutes über die Norm erhöht ist. Genauere quantitative Bestimmungen über den Glykogengehalt des Blutes hat Gabritschewski nicht ausgeführt. Auch ist es ja bis jetzt überhaupt nicht gelungen, das Glykogen aus dem Blute direct darzustellen. Gabritschewski urtheilte bei seinen Untersuchungen, nach dem Vorgange von Ehrlich, nur nach der Intensität der mikrochemischen Reaction mit Jodlösung, welche allerdings in den Leukocyten des diabetischen Blutes sehr viel stärker ist, als im normalen Blute. Da nun auch im Eiter der diabetischen Thiere die Jodreaction ausserordentlich intensiv war, so suchte ich die Menge des Glykogens im Eiter quantitativ zu bestimmen:

Versuch 35. Von dem dünnflüssigen Eiter aus der Peritonealhöhle eines diabetischen Hundes, welcher am dritten Tage nach der Pankreasexstirpation an Peritonitis gestorben war, werden unmittelbar nach dem Tode des Thieres 11,6 g nach Brücke auf Glykogen verarbeitet. Das wässerige Extract giebt in zehnfacher Verdünnung noch äusserst intensive Jodreaction. Es werden erhalten 0,096 g = 0,83 Proc. Glykogen, asche- und stickstofffrei.

Versuch 36. Bei einem kleinen gesunden Hunde hatte sich an einer Stelle, an welcher am 22. Juli zu anderen Versuchszwecken eine subcutane Injection von Inulin ausgeführt war, ein kleiner Abscess gebildet. Durch Punction werden aus demselben am 24. Juli 6,8 g Eiter erhalten. Das wässerige Extract giebt erst nach Concentration deutliche Jodreaction. Es werden gefunden 0,016 g = 0,23 Proc. Glykogen.

---

1) Mikroskopische Untersuchungen über Glykogenreaction im Blut. Archiv f. exp. Path. u. Pharm. Bd. XXVIII. S. 272.

An diesem und dem folgenden Tage werden nun dem Thiere subcutane Injectionen von je 1,0 Phloridzin gemacht. Der Harn enthält darauf während dieser beiden Tage dauernd sehr viel Zucker (6,8—11,2 Proc.). Am 26. Juli wird der mittlerweile grösser gewordene Abscess durch Incision entleert. Es werden dabei 29,6 g Eiter gewonnen. Hierin gefunden 0,050 g = 0,17 Proc. Glykogen.

Es enthielt somit der an zelligen Elementen erheblich ärmere und unter viel ungünstigeren Bedingungen (nach dem Tode) entnommene Eiter bei dem Pankreasdiabetes 4—5mal so viel Glykogen, als der Eiter des normalen Thieres bez. der während des Phloridzindiabetes angesammelte Eiter.

Es war demnach bewiesen, dass der stärkeren mikrochemischen Jodreaction der Leukocyten, welche nach der Pankreasexstirpation im Blute wie im Eiter regelmässig nachweisbar war, thatsächlich ein grösserer Glykogengehalt entsprach.

Ich möchte hier nur auf den eigenthümlichen Gegensatz zwischen dem abnormen Glykogenreichthum der Leukocyten und dem Fehlen des Glykogens in der Leber der diabetischen Thiere hingewiesen haben. Ob hier ein ursächlicher Zusammenhang zu suchen ist, mag vorläufig dahingestellt bleiben. Möglicher Weise handelt es sich blos darum, dass die Leukocyten, welche als selbständige Gebilde gleichsam nur in Symbiose mit dem thierischen Organismus leben, von den Einflüssen nicht betroffen werden, welche die Glykogenablagerung in der Leber stören. —

4. Ueber den Milchsäuregehalt der Muskeln nach der Pankreasexstirpation.

In den Muskeln der diabetischen Thiere scheint die Milchsäure in auffallend geringer Menge vorhanden zu sein. In 2 Fällen, in welchen die Thiere am sechsten bez. achten Tage nach der Pankreasexstirpation gestorben waren, gelang es mir, bei Verarbeitung von 100 bez. 200 g, weder in dem frischen, noch in dem todtenstarren Muskel Milchsäure mit Sicherheit nachzuweisen. In einem Falle (Versuch 14), in welchem das Thier nach 22 Tagen getödtet worden war, erhielt ich aus 800 g Muskeln, welche eine Stunde nach dem Tode verarbeitet wurden, nur 0,2 g milchsaures Zink. Ob es sich um Gährungs- oder Fleischmilchsäure gehandelt hat, konnte bei der geringen Menge nicht bestimmt werden.

Genauere Untersuchungen sind hier jedenfalls noch wünschenswerth. —

5. Ueber den Einfluss von complicirenden Erkrankungen auf die Zuckerausscheidung nach der Pankreasexstirpation.

Es ist bereits oben (S. 23) erwähnt worden, dass durch das Auftreten von complicirenden Erkrankungen das Zustandekommen der Zuckerausscheidung nach der Pankreasexstirpation verhindert oder ein bereits bestehender Diabetes frühzeitig zum Verschwinden gebracht werden kann.

Als Beispiele für dieses Vorkommniss führe ich hier die folgenden Versuche an:

Versuch 37. Einem 10 kg schweren Hunde, welcher 8 Tage vorher sehr reichlich gefüttert wurde, wird am 22. Juni 1890 das Pankreas vollständig exstirpirt.

Am folgenden Tage enthält der Urin bereits 8,5 Proc. Zucker.

Am 24. Juni Morgens entleert der Hund:
115 ccm Harn mit 9,5 Proc. Zucker.

Er erhält im Laufe dieses und des folgenden Tages 1 l Milch.

Bis zum 25. Juni Morgens entleert er
600 ccm Harn mit 7,7 Proc. Zucker (46,2 g).

Am Nachmittag drängt sich durch eine geplatzte Stelle der Bauchwunde eine kleine Darmschlinge vor. Es wird dieselbe desinficirt und reponirt, und darauf ein Verband angelegt. Das Thier bleibt zunächst munter und entleert bis zum folgenden Morgen:
680 ccm Harn mit 6,1 Proc. Zucker (41,5 g).

Am 26. Juni erscheint das Thier Morgens noch ganz wohl und frisst Fleisch. Mittags stellt sich Erbrechen ein.

Im Laufe des Nachmittags werden noch entleert:
180 ccm Harn mit 5,0 Proc. Zucker (9,0 g).

Das Thier erscheint krank und frisst nicht mehr. In der folgenden Nacht entleert es noch
40 ccm Harn mit 0,7 Proc. Zucker (0,3 g).

Am 27. Juni Vormittags stirbt das Thier. Die Section ergiebt eine diffuse Peritonitis.

In der Harnblase finden sich noch circa 15 ccm Harn, welcher nur Spuren von Zucker enthält. —

Versuch 38. Einem Hunde von 9 kg Gewicht wird am 6. Mai 1889 das Pankreas vollständig exstirpirt. Die Ablösung der Drüse vom Darme macht besondere Schwierigkeiten. Es müssen mehr Gefässe als sonst am Duodenum unterbunden werden.

Am 7. Mai Morgens ist das Thier ganz munter; es säuft sehr gierig Wasser, erbricht dasselbe wiederholt, leckt das Erbrochene aber sofort wieder auf. Am Nachmittag erscheint der Hund krank. Am folgenden Morgen ist er todt. Die Section ergiebt eine Nekrose des Duodenum in einer Ausdehnung von circa 10 cm Länge.

Das Thier hatte am 7. Mai entleert:

Morgens   7 Uhr: 50 ccm Harn mit 0,3 Proc. Zucker,
Vormittags 11   =   40 =   =   = 2,5   =   =
Nachmittags 3   =   35 =   =   = 3,8   =   =
Abends   7   =   30 =   =   = 1,1   =   =

In der Harnblase fanden sich noch einige ccm Harn, welche k e i n e
d e u t l i c h e Z u c k e r r e a c t i o n mehr gaben.

V e r s u c h 39. Einem Hunde von 10,2 kg Körpergewicht wird am
15. October 1890 der ganze horizontale Ast das Pankreas nebst dem
Pankreaskopfe und der grösste Theil des verticalen Astes entfernt, und
nur ein 4—5 cm langes Stück vom untersten Ende des letzteren zurückgelassen. Das entfernte Stück der Drüse war 22 cm lang und wog 30 g.
Der zurückgebliebene Theil wog bei der nachträglichen Entfernung, welche
44 Tage später ausgeführt wurde, 5 g.

Nach der ersten Operation schied der Hund keinen Zucker aus, auch
nicht, als er mit reichlichen Mengen von Kohlehydraten (Brod, Kartoffeln,
selbst 100 g Rohrzucker) gefüttert wurde. Er verlor in den ersten 10
Tagen 1 kg an Gewicht, nahm aber später bei reichlicher Ernährung,
trotz ungenügender Resorption der Nahrung, wieder um 0,9 kg zu.

Die zweite, am 28. November ausgeführte Operation gestaltete sich
ziemlich schwierig, da das zurückgebliebene Stück des Pankreas mit der
Umgebung feste Verwachsungen eingegangen war.

6 Stunden nach der Entfernung dieses Drüsenstückes gab der Harn
bereits deutliche Zuckerreaction; am folgenden Morgen enthielt er
5,8 Proc. Zucker.

Das Thier schien zunächst auch diese zweite Operation ganz gut
überstanden zu haben; es blieb munter und verzehrte seine Nahrung
mit grosser Gier, ohne zu erbrechen.

Am 30. November erhielt es 1 l Milch, worauf in den folgenden
24 Stunden 58 g Zucker ausgeschieden wurden.

In den nächsten Tagen wurden genauere Bestimmungen des Zuckergehaltes nicht ausgeführt; doch wurde täglich die Anwesenheit von viel
Zucker im Harne constatirt.

Am 4. December wurden nach vorausgegangener Fütterung mit
500 g Fleisch und 100 g Brod nur 220 ccm Harn von spec. Gew. 1070
entleert; derselbe enthielt 5,0 Proc. Zucker.

Im Laufe des Tages erscheint der Hund krank und frisst nicht
mehr so gierig wie früher.

Am 5. December wurden 230 ccm Harn ausgeschieden, in welchem
Z u c k e r ü b e r h a u p t n i c h t n a c h w e i s b a r war.

Am 6. December war der um 1 Uhr Mittags entleerte Harn ebenfalls zuckerfrei.

Eine jetzt vorgenommene Blutentziehung aus der Art. femoralis
ergiebt im Blute einen Zuckergehalt von 0,180 Proc. —

Es werden nun 20 g Traubenzucker in 200 ccm Lösung mittelst
Schlundsonde in den Magen eingeführt.

Um 6 Uhr Abends werden 110 ccm Harn mit 3,6 Proc. Zucker
entleert.

Am 7. December Morgens noch 155 ccm Harn mit 0,5 Proc. Zucker. Der Mittags entleerte Harn ist wieder zuckerfrei.

Der Schwächezustand des Thieres hat sehr erheblich zugenommen, und am folgenden Morgen ist dasselbe todt.

Bei der Section findet sich zwischen Bauchdecken und Peritoneum ein grosser Abscess, mehrere kleinere zwischen den verschiedenen mit einander verklebten Darmschlingen und in den Wandungen des Duodenum selbst. —

Dass das Aufhören der Zuckerausscheidung bei dem Hinzutreten einer complicirenden Erkrankung nicht auf die Wiederherstellung der durch die Pankreasexstirpation gestörten Function bezogen werden kann, ist bereits an früherer Stelle (S. 22 ff.) erörtert worden. Eine befriedigende Erklärung für diese Erscheinung ist indessen nicht leicht zu geben.

Ein ähnliches Verschwinden der Zuckerausscheidung bei intercurrenten Erkrankungen beobachtet man bekanntlich auch nicht selten bei diabetischen Menschen.

Hier wie dort mag zunächst, wie oben besprochen, eine Störung der Zuckerbildung aus Eiweiss eine Rolle spielen. Für manche Fälle, speciell für die infectiösen Erkrankungen, kommt aber vielleicht noch als weitere Erklärungsmöglichkeit die Annahme in Betracht, dass der Zucker unter der Einwirkung der pathogenen Bacterien zersetzt wird. Es ist bekannt, dass sehr viele pathogene Mikroorganismen im Stande sind, aus zuckerhaltigen Nährmedien den Zucker zum Verschwinden zu bringen. Speciell haben auch die Untersuchungen der Herren Dr. E. Levy und Socin im Laboratorium der hiesigen medicinischen Klinik ergeben, dass der Stapbylococcus pyogenes albus, welcher wiederholt im Blute und im Eiter diabetischer Hunde nachgewiesen werden konnte, ziemlich grosse Zuckermengen in kurzer Zeit zu zersetzen vermag. So wäre es denn auch denkbar, dass die im Blute der erkrankten Thiere kreisenden Mikroben, oder die von denselben gelieferten Fermente auch nach der Pankreasexstirpation einen Verbrauch von Zucker im Organismus ermöglichen und auf diese Weise die scheinbare Abnahme der Intensität des Diabetes bewirken. —

Der Verbrauch von Zucker zur Glykogenbildung in den Leukocyten dürfte wohl kaum erheblich genug sein, um für die Abnahme des Zuckergehalts im Harn bei dem Auftreten von Eiterungsprocessen irgendwie ins Gewicht zu fallen. Doch ist immerhin zu berücksichtigen, dass die grössere Menge des in den Leukocyten abgelagerten Glykogens nur der Ausdruck eines besonders lebhaft in denselben von Statten gehenden Kohlenhydratumsatzes sein kann, der möglicher

Weise auch seinerseits zur Verminderung des Zuckergehalts im Harn etwas beitragen könnte. —

6. Ueber den Einfluss des Syzygium Jambolanum auf die Zucker-ausscheidung nach der Pankreasexstirpation.

Von den Mitteln, von welchen, hauptsächlich auf Grund von Beobachtungen an kranken Menschen, mit mehr oder weniger Recht behauptet wird, dass sie im Stande wären, die Intensität der Zucker-ausscheidung zu beeinflussen, habe ich bis jetzt nur das Syzygium Jambolanum in Bezug auf seine Wirksamkeit beim Pankreas-diabetes geprüft. Ich habe von diesem Mittel zunächst ein etwas älteres Präparat in Form eines eingedickten Extractes angewandt, später ein ganz frisches, aus grünen Früchten dargestelltes Fluid-extract, [1]) welches ich in grossen Dosen, bis zu 3 g pro kg Körper-gewicht verabfolgt habe. Beide Präparate erwiesen sich, wie in Ver-such 14, S. 41 und 19, S. 49, so auch in einem dritten Versuche vollkommen unwirksam.

In Versuch 14 trat am 4. Tage nach der Verabfolgung von 25 g des Extractes eine Abnahme der Zuckerausscheidung ein. Doch stand dieselbe offenbar in Zusammenhang mit der vorübergehenden Er-krankung des Versuchsthieres an Magendarmkatarrh und Icterus, welche möglicher Weise durch das eingegebene Mittel hervorgerufen war. — Nach den Untersuchungen von Hildebrandt[2]) dürfte es nicht unwahrscheinlich sein, dass die vielfach gepriesene Wirksam-keit dieses Mittels bei diabetischen Menschen nur auf die Störungen in der Verdauung der mit der Nahrung eingeführten Kohlenhydrate zu beziehen sind. —

---

1) Von Thomas Christie & Co., London Leine Street 25 direct bezogen.
2) Zur Wirkungsweise des Syzygium Jambolanum beim Diabetes mellitus. Berliner klin. Wochenschr. 1892. Nr. 1.

www.ingramcontent.com/pod-product-compliance
Lightning Source LLC
Chambersburg PA
CBHW031442280326
41927CB00038B/1489